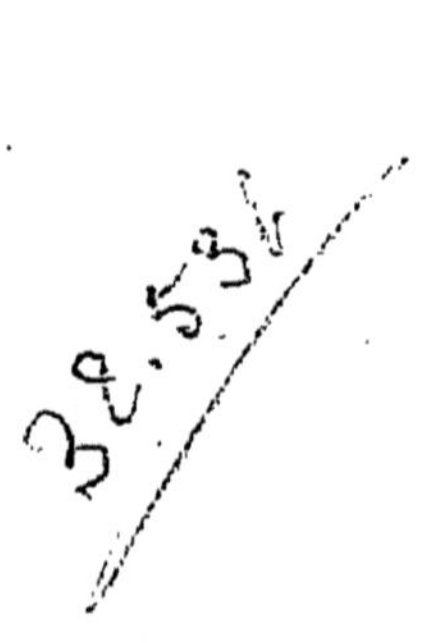

RECHERCHES

SUR LES

PRINCIPES MATHÉMATIQUES

DE LA THÉORIE DES RICHESSES.

Imprimerie d'Amédée GRATIOT et Ce, 11, rue de la Monnaie.

RECHERCHES

SUR LES

PRINCIPES MATHÉMATIQUES

DE LA

THÉORIE DES RICHESSES,

PAR AUGUSTIN **COURNOT**,

RECTEUR DE L'ACADÉMIE ET PROFESSEUR A LA FACULTÉ DES SCIENCES
DE GRENOBLE.

Ἀνταμείβεσθαι πάντα ἁπάντων, ὥσπερ
χρυσοῦ χρήματα καὶ χρημάτων χρυσός.

Plut. de εἰ ap. Delph. 8.

PARIS

CHEZ L. HACHETTE,

LIBRAIRE DE L'UNIVERSITÉ ROYALE DE FRANCE,

RUE PIERRE-SARRAZIN, N° 12.

1838

PRÉFACE.

La science à laquelle on donne le nom d'Économie politique, et qui a si fort occupé les esprits depuis un siècle, est aujourd'hui plus répandue que jamais. Elle est entrée avec la politique proprement dite en partage de ces grands journaux qui sont le plus puissant instrument de publicité; mais on a tant été fatigué de théories et de systèmes, que maintenant on veut, comme on dit, du positif, c'est-à-dire dans cette matière, des relevés de douane, des documents statistiques, des renseignements administratifs, propres à éclairer par l'expérience ces questions importantes qui s'agitent devant le pays, et auxquelles toutes les classes de la société sont si directement intéressées.

Je n'ai rien à objecter à cette disposition des esprits : elle est bonne, elle est conforme aux lois qui dirigent le développement de toutes les branches des sciences. Je ferai seulement observer que la théorie ne doit pas être confondue avec les systèmes, quoique nécessairement, dans l'enfance des sciences, l'esprit de système se charge d'ébaucher les théories. J'ajouterai que la théorie doit toujours avoir sa part, si petite qu'on veuille la lui faire, et qu'il doit être permis à un homme de ma profession, plus qu'à tout autre, d'envisager exclusivement sous le point de vue théorique un sujet d'intérêt général, qui a tant de faces diverses.

Mais le titre de cet ouvrage n'annonce pas seulement des recherches théoriques, il indique aussi que j'ai l'intention d'y appliquer les formes et les symboles de l'analyse mathématique : or c'est-là, je le confesse, un plan qui doit m'attirer tout d'abord la réprobation des théoriciens accrédités. Tous se sont élevés comme de concert contre l'emploi des formes mathématiques, et il serait sans doute difficile aujourd'hui de vaincre un préjugé que de bons esprits, tels que Smith et d'autres écrivains plus modernes, ont contribué à affermir. La raison paraît en être, d'une part, dans le faux point de vue sous lequel la théorie a été envisagée par le petit nombre de ceux qui ont voulu essayer d'y appliquer l'analyse mathématique; d'autre part, dans la fausse idée que se sont formée de cette analyse, des esprits très judicieux d'ailleurs, et très versés dans les matières d'économie politique, mais à qui les sciences mathématiques étaient à peu près étrangères.

Les essais dont il s'agit ici sont restés fort obscurs, et je n'ai pu les connaître que par leurs titres, à l'exception d'un seul, *les Principes d'Économie politique*, par *Canard*, petit ouvrage publié en l'an X, et couronné par l'Institut. Ces prétendus principes sont si radicalement faux, et l'application en est tellement erronée, que le suffrage d'un corps éminent n'a pu préserver l'ouvrage de l'oubli. On conçoit aisément que des essais de cette nature n'aient pas réconcilié avec l'algèbre des économistes tels que Say et Ricardo.

J'ai dit que les auteurs spéciaux dans ces matières semblent d'ailleurs s'être fait une idée fausse de la nature des applications de l'analyse mathématique à la théorie des richesses. On s'est figuré que l'emploi des signes et des formules ne pouvait avoir d'autre but que celui de conduire à des calculs numériques; et comme on sentait bien que le sujet répugne à cette détermination numérique des valeurs d'après la seule théorie, on en a conclu que l'appareil des formules était, sinon susceptible d'induire en erreur, au moins oiseux et pédantesque. Mais les personnes versées dans l'analyse mathématique savent qu'elle n'a pas seulement pour objet de calculer des nombres; qu'elle est aussi employée à trouver des relations entre des grandeurs que l'on ne peut évaluer numériquement, entre des *fonctions* dont la loi n'est pas susceptible de s'exprimer par des symboles algébriques. C'est ainsi que la théorie des probabilités fournit la démonstration de propositions très importantes, quoiqu'on ne puisse évaluer numériquement, sans le secours de l'expérience, les probabilités des événements contingents, si ce n'est dans des questions de pure curiosité, comme celles qui se rapportent à certains jeux de hasard. C'est ainsi encore que la mécanique rationnelle fournit à la mécanique pratique des théorêmes généraux d'une application très utile, bien que, dans les cas les plus ordinaires, il faille de toute nécessité recourir à l'expérience, pour les déterminations numériques que la pratique réclame.

L'emploi des signes mathématiques est chose naturelle toutes les fois qu'il s'agit de discuter des relations entre des grandeurs ; et lors même qu'ils ne seraient pas rigoureusement nécessaires, s'ils peuvent faciliter l'exposition, la rendre plus concise, mettre sur la voie de développements plus étendus, prévenir les écarts d'une vague argumentation, il serait peu philosophique de les rebuter, parce qu'ils ne sont pas également familiers à tous les lecteurs et qu'on s'en est quelquefois servi à faux.

Il y a des auteurs, tels que Smith et Say, qui ont écrit sur l'économie politique en conservant à leur style tous les agréments de la forme purement littéraire; mais il y en a d'autres, comme Ricardo, qui, abordant des questions plus abstraites ou recherchant une plus grande précision, n'ont pu éviter l'algèbre, et n'ont fait que la déguiser sous des calculs arithmétiques d'une prolixité fatigante. Quiconque connaît la notation algébrique, lit d'un clin-d'œil dans une équation le résultat auquel on parvient péniblement par des règles de fausse position, dans l'arithmétique de Banque.

Je me propose d'établir dans cet essai que la solution des questions générales auxquelles donne lieu la théorie des richesses, dépend essentiellement, non pas de l'algèbre élémentaire, mais de cette branche de l'analyse qui a pour objet des fonctions arbitraires, assujetties seulement à satisfaire à certaines conditions. Comme il ne s'agit que de conditions fort simples, les premières notions de calcul différentiel et intégral suffisent pour l'intelligence de ce petit traité. Aussi, tout en craignant qu'il ne paraisse beaucoup trop abstrait à la plupart des personnes qui s'occupent par goût de ces matières, je n'ose espérer qu'il mérite de fixer l'attention des géomètres de profession, à moins qu'ils n'y découvrent le germe de questions plus dignes de leur sagacité.

Mais il y a, en France surtout, grâce à une école célèbre, une classe nombreuse d'hommes qui, après avoir fait de fortes études dans les sciences mathématiques, ont dirigé leurs travaux vers les applications de ces sciences qui intéressent particulièrement la société. Les théories sur la richesse sociale doivent attirer leur attention; et en s'en occupant ils doivent éprouver le besoin, comme je l'ai éprouvé moi-même, de fixer par les signes qui leur sont familiers une analyse si vague et souvent si obscure chez les auteurs qui ont jugé à propos de se contenter des ressources de la langue commune. En supposant qu'ils soient amenés par leurs réflexions à entrer dans cette voie, j'espère que mon livre leur sera de quelque utilité et leur abrègera le travail.

Peut-être remarqueront-ils dans l'exposé des premières notions sur la concurrence, sur le concours des producteurs, certaines relations assez curieuses, à les envisager sous le point de vue purement abstrait, indépendamment du but d'application que l'on se propose.

Je n'ai point prétendu faire un traité dogmatique et complet sur l'économie politique : j'ai laissé les questions où l'analyse mathématique n'a aucune prise, et celles qui me paraissent déjà parfaitement éclaircies. J'ai supposé que ce livre ne tomberait qu'entre les mains de lecteurs déjà au courant de ce qui se trouve dans les ouvrages les plus répandus sur ces matières.

Bien loin d'avoir songé à écrire dans un esprit de système et pour me ranger sous les bannières d'un parti, je pense qu'il reste un pas immense à franchir pour passer de la théorie aux applications gouvernementales; je trouve que la théorie ne perd rien de son prix, en restant ainsi préservée du contact de la polémique passionnée; et je crois que si cet essai pouvait être de quelque utilité pratique, ce serait principalement en faisant bien sentir tout ce qui nous manque pour résoudre, en pleine connaissance de cause, une foule de questions que l'on tranche hardiment tous les jours.

RECHERCHES

SUR LES

PRINCIPES MATHÉMATIQUES

DE LA THÉORIE DES RICHESSES.

CHAPITRE Ier.

De la valeur d'échange ou de la richesse en général.

1. La racine tudesque *Rik* ou *Reich*, qui a passé dans toutes les langues romanes, exprimait vaguement un rapport de supériorité, de force, de puissance. *Los ricos hombres* se dit encore en espagnol des nobles de distinction, des grands seigneurs; et telle est l'acception des mots *riches hommes* dans le français de Joinville. L'idée que nous nous faisons de la *richesse*, et qui est relative à notre état de civilisation, ne pouvait être conçue par les hommes de race germanique, ni à l'époque de la conquête, ni même aux temps bien postérieurs où la féodalité subsistait dans sa vigueur. La propriété, la puissance, les distinctions de maîtres, de serviteurs et d'esclaves, l'abondance et l'indigence, les droits et les priviléges, tout cela se retrouve au sein des peuplades les plus grossières, et semble dériver néces-

sairement des lois naturelles qui président à l'agrégation des individus et des familles : mais l'idée de richesse, telle que nous la donne l'état avancé de notre civilisation, telle qu'elle doit être pour donner naissance à une théorie, ne se forme que lentement par suite du progrès des relations commerciales, et par la réaction que les relations de commerce exercent à la longue sur les institutions civiles.

Un pasteur est en possession d'un vaste pâturage, et personne ne l'y troublerait impunément : mais en vain l'idée lui viendrait-elle de l'échanger contre quelque chose qu'il désirerait davantage ; il n'y a rien dans les mœurs et dans les usages qui rende un tel marché possible: cet homme est propriétaire et n'est point riche.

Le même pasteur a des bestiaux et du lait en abondance ; il peut nourrir une suite nombreuse de serviteurs et d'esclaves ; il exerce une hospitalité généreuse envers des clients indigents : mais il ne pourrait ni accumuler ses produits, ni les échanger contre des objets de luxe qui n'existent pas : cet homme a de la puissance, de l'autorité, des jouissances propres à sa position, mais il n'a pas de richesses.

2. On ne conçoit pas que des hommes puissent vivre quelque temps rapprochés les uns des autres, sans pratiquer l'échange des choses et des services : mais de cet acte naturel, et pour ainsi dire instinctif, il y a loin à l'idée abstraite d'une *valeur d'échange*, qui suppose que les objets auxquels on attribue une telle valeur *sont dans le commerce ;* c'est-à-dire qu'on peut toujours trouver à les échanger contre des objets de valeur égale. Or, les choses auxquelles l'état des relations commerciales et les institutions civiles permettent d'attribuer ainsi une valeur d'échange, sont celles que, dans le langage actuel, on désigne communément par le mot de *richesses ;* et si nous voulons nous entendre en théorie, il convient d'identifier absolument le sens du mot de *richesses* avec celui que présentent ces autres mots *valeurs échangeables.*

L'idée de richesse, ainsi conçue, n'a sans doute qu'une existence abstraite ; car, à la rigueur, de toutes les choses que nous *apprécions*, ou auxquelles nous attribuons une valeur d'échange, il n'y en a point que nous puissions à notre gré, et aussitôt qu'il nous plaît, échanger contre toute autre chose de même prix ou valeur. Dans l'acte de l'échange, comme dans la transmission du mouvement par les machines, il y a des frottements à vaincre, des pertes à subir, des limites que l'on est assujetti à ne point dépasser. Le propriétaire d'une grande forêt n'est riche qu'à condition d'aménager ses coupes avec prudence, et de ne pas encombrer le marché de ses bois ; le possesseur d'une précieuse galerie de tableaux peut mourir à la peine avant d'avoir trouvé des acheteurs ; tandis que dans le voisinage d'une ville la conversion d'un sac de blé en argent n'exigera que le temps nécessaire pour le porter à la halle; et que sur les grandes places de commerce on trouvera tous les jours à négocier une pacotille de cafés à la Bourse.

L'extension du commerce et les progrès des procédés commerciaux tendent à rapprocher de plus en plus l'état réel des choses, de cet ordre de conceptions abstraites sur lequel seul on peut asseoir des raisonnements théoriques; de même qu'un habile mécanicien se rapproche des conditions du calcul, en atténuant les effets du frottement par le poli des surfaces et la précision des engrenages. On dit alors que les nations font des progrès dans le système commercial ou mercantile, expressions étymologiquement équivalentes, mais dont l'une se prend en bonne, l'autre en mauvaise part; ainsi qu'il arrive d'ordinaire, selon la remarque de Bentham, pour la désignation de ce qui entraîne avec soi des avantages et des inconvénients moraux.

Ce n'est pas de ces avantages ni de ces inconvénients que nous voulons nous occuper: la marche progressive des nations dans le système commercial est un fait en face duquel toute discussion d'opportunité devient oiseuse; nous sommes ici-bas pour observer et non pour critiquer les lois irrésistibles de la nature. Tout ce que l'homme peut mesurer, calculer, systématiser, finit par devenir l'objet d'une mesure, d'un calcul, d'un système. Partout où des rapports fixes peuvent se substituer à des rapports indéterminés, la substitution s'accomplit en définitive. C'est ainsi que s'organisent les sciences et toutes les institutions humaines. L'usage de la monnaie, que nous a légué la haute antiquité, a puissamment favorisé les progrès de l'organisation commerciale, comme l'art de fabriquer le verre a favorisé beaucoup de découvertes en astronomie et en physique ; mais du reste, l'organisation commerciale n'est point liée essentiellement à l'emploi des métaux monétaires. Tous les moyens qui tendent à faciliter l'échange, à fixer la valeur d'échange, lui sont bons ; et l'on a lieu de croire que, dans les développements ultérieurs de cette organisation, le rôle des métaux monétaires diminuera graduellement d'importance.

3. Il faut bien distinguer l'idée abstraite de richesse ou de valeur échangeable, idée fixe, susceptible par conséquent de se prêter à des combinaisons rigoureuses, d'avec les idées accessoires d'utilité, de rareté, d'appropriation aux besoins et aux jouissances de l'homme, que réveille encore, dans le langage ordinaire, le mot de richesses : idées variables et indéterminées de leur nature, sur lesquelles dès lors on ne saurait asseoir une théorie scientifique. La division des économistes en sectes, la guerre que se livrent les gens de pratique et les gens de théorie, ne provient, en grande partie, que de l'ambiguité du mot de richesse dans la langue usuelle, de la confusion qui a continué de régner entre l'idée fixe, déterminée, de valeur échangeable, et les idées d'utilité, que chacun peut apprécier à sa manière, parce qu'il n'y a pas de mesure fixe de l'utilité des choses [1].

Il est arrivé quelquefois qu'un libraire ayant en magasin un ouvrage de fonds, ouvrage utile et recherché des connaisseurs, mais tiré originairement à trop grand nombre, eu égard à la classe de lecteurs à laquelle il s'adresse, a sacrifié et fait mettre au pilon les deux tiers des exemplaires, persuadé qu'il tirerait un meilleur parti des exemplaires épargnés que de l'édition totale [2]. Nul doute en effet qu'il n'y ait tel ouvrage dont on placera plutôt mille exemplaires à 60 francs que trois mille exemplaires à 20 francs. C'est par suite du même calcul que la Compagnie hollandaise faisait, dit-on, détruire dans les îles de la Sonde une partie des précieuses épiceries dont elle avait le monopole. Voilà une destruction matérielle d'objets auxquels on donne le nom de richesses, et parce qu'ils sont recherchés, et parce qu'on ne se les procure pas gratuitement. Voilà un acte de cupidité, d'égoïsme, évidemment contraire à l'intérêt de la société; et pourtant il n'est pas moins évident que cet acte illibéral, cette destruction maté-

1 Par là nous n'entendons pas dire qu'il n'y ait ni vérité ni erreur dans les jugements portés sur l'utilité des choses : nous voulons dire seulement qu'en général la vérité ou l'erreur ne peuvent être démontrées; que ce sont des questions d'appréciation et non des questions résolubles par le calcul ou par l'argumentation logique.

2 J'ai ouï dire à un bien honorable géomètre, qu'un des plus grands chagrins qu'il eût éprouvés dans sa jeunesse, avait été d'apprendre que le libraire Dupont en avait agi de la sorte à l'égard de la précieuse collection des Mémoires de l'ancienne Académie des sciences.

rielle est une véritable création de richesse dans le sens commercial du mot. L'inventaire du libraire accusera à juste titre l'existence dans son actif d'une valeur plus grande; et, après que les exemplaires seront en totalité ou en partie sortis de ses mains, si chaque particulier dressait son inventaire selon l'usage du commerce, et qu'on pût rapprocher ces inventaires partiels pour former l'inventaire général ou le bilan des richesses circulantes, on trouverait un accroissement dans la somme de ces richesses.

Tout au contraire, je suppose qu'un livre curieux n'existe qu'à une cinquantaine d'exemplaires, et que cette rareté en porte le prix dans les ventes à 300 fr. Un libraire réimprime ce livre à mille exemplaires qui vaudront 5 fr. pièce, et feront tomber au même prix les autres exemplaires auxquels une rareté extrême avait donné une valeur exagérée. Les 1050 exemplaires n'entreront donc plus que pour 5250 fr. dans la somme des richesses inventoriables, qui aura éprouvé de la sorte un déchet de 9750 fr. La diminution sera plus considérable si l'on tient compte, comme on doit le faire, de la valeur des matières premières avec lesquelles la réimpression s'est faite, et qui préexistaient à cette réimpression. Voilà une opération d'industrie, une production matérielle, utile au libraire qui l'a entreprise, utile à tous ceux dont il a consommé les fournitures et les services, utile même au public, pour peu que le livre renferme de bons renseignements, et qui est une véritable destruction de richesse, dans le sens abstrait et commercial du mot.

La hausse et la baisse des cours manifestent des oscillations perpétuelles dans les valeurs ou dans les richesses abstraites en circulation, sans qu'il intervienne de production ni de destruction matérielle des objets physiques auxquels, dans un sens concret, la qualification de richesses est applicable.

On a remarqué depuis longtemps, et avec raison, que le commerce proprement dit, c'est-à-dire le transport des matières premières et ouvragées d'un marché sur un autre, en ajoutant à la valeur des objets transportés, crée des valeurs ou des richesses, tout comme le travail de l'ouvrier qui extrait les métaux du sein de la terre, et celui de l'artisan qui leur donne une forme appropriée à nos besoins. Ce qu'on aurait dû ajouter aussi, et ce que nous aurons occasion de développer, c'est que le commerce peut être une cause de destruction de valeurs, même lorsqu'il procure des bénéfices aux négociants qui l'entreprennent; même lorsqu'il est aux yeux de tout le monde un bienfait pour les contrées qu'il met en communication de produits.

Une mode, un caprice, un événement fortuit peuvent être une cause de création ou d'annihilation de valeurs, sans influer notablement sur ce qu'on regarde comme l'utilité publique ou le bien général: il peut aussi se faire qu'une destruction de richesses soit salutaire, et qu'une augmentation soit funeste. Si le problème de la fabrication du diamant était résolu par les chimistes, il y aurait de grandes pertes éprouvées par les joailliers, par les dames qui possèdent des parures ; la masse des richesses susceptibles de circulation éprouverait un déchet notable : et pourtant je ne sache pas qu'un homme de sens, tout en déplorant les dommages particuliers qu'un tel événement pourrait entraîner, fût tenté de le regarder comme une calamité publique. Bien loin de là, si le goût des parures en diamant vient à diminuer, si bien des personnes riches cessent de consacrer à ce goût futile une portion notable de leurs fortunes, et si en conséquence la valeur des diamants dans le commerce décroît, les esprits sages applaudiront volontiers à cette nouvelle direction de la mode.

4. Quand un événement quelconque, réputé favorable à un pays, en ce qu'il améliore la condition du plus grand nombre des habitants (car sur quelle autre base s'appuierait-on pour apprécier l'utilité ?), a néanmoins pour résultat immédiat de diminuer la masse des valeurs circulantes, on est tenté de supposer que par ses conséquences éloignées cet événement doit receler en lui le germe d'un accroissement dans la richesse générale, et que c'est ainsi qu'il tourne à l'avantage du pays. Sans doute l'expérience indique que les choses se passent de la sorte dans la plupart des cas, puisqu'en général une amélioration incontestable dans le sort des peuples a concouru avec un accroissement également incontestable dans la somme des richesses circulantes. Mais dans l'impos-

sibilité où l'on est de suivre par l'analyse toutes les conséquences de faits si complexes, la théorie ne peut expliquer pourquoi les choses se passent ainsi en général, et encore moins démontrer qu'elles doivent toujours se passer de la même manière. Evitons donc de confondre ce qui est du ressort du raisonnement avec ce qui est l'objet d'une divination plus ou moins heureuse; ce qui est rationnel d'avec ce qui est empirique. C'est bien assez d'avoir à craindre sur le premier terrain les erreurs de raisonnement : évitons de rencontrer sur l'autre les déclamations passionnées et les questions insolubles.

5. Si l'on n'a égard qu'à l'étymologie, tout ce qui tient à l'organisation des sociétés est du ressort de l'économie politique; mais l'usage a prévalu de prendre cette dernière dénomination dans un sens beaucoup moins étendu et qui n'en est que moins précis. L'économiste, s'occupant principalement des besoins matériels de l'homme, considère les institutions sociales en tant qu'elles favorisent ou qu'elles contrarient le travail, l'industrie, le commerce, la population; en tant qu'elles répartissent de diverses manières entre les individus associés les bienfaits de la nature et les fruits du travail. Sujet bien trop vaste encore pour être convenablement embrassé par un seul homme; inépuisable matière de systèmes prématurés et de lentes expériences. Comment faire abstraction des influences morales qui se mêlent à toutes ces questions et qui se refusent à toutes mesures? Comment comparer ce qu'on appellera, si l'on veut, le bonheur matériel du pâtre des Alpes avec celui du fainéant Espagnol ou de l'ouvrier de Manchester; l'aumône des couvents à la taxe des pauvres; la servitude de la glèbe à la servitude de l'atelier; les jouissances matérielles, les consommations d'un noble normand dans son manoir féodal, aux jouissances, aux consommations de son arrière-neveu dans un hôtel de Londres et sur les grands chemins de l'Europe?

Si nous comparons les nations entre elles, par quels signes certains constaterons-nous les progrès ou la décadence de leur prospérité? Sera-ce d'après la population? Mais alors, la Chine l'emporterait de beaucoup sur notre Europe. D'après l'abondance des espèces monnayées? Mais depuis longtemps l'exemple de l'Espagne, maîtresse des mines du Pérou, a fait revenir le monde de cette erreur grossière, avant même qu'on eût des notions un peu exactes sur le véritable rôle de la monnaie. D'après l'activité des transactions commerciales? Les populations méditerranéennes seraient donc bien malheureuses relativement à celles que le voisinage de la mer appelle à la profession du négoce! D'après le haut prix des denrées ou des salaires? Il y a tel chétif îlot qui l'emporterait alors sur les contrées les plus riantes et les plus fertiles. D'après la valeur pécuniaire de ce que les économistes appellent le produit annuel? Une année où cette valeur augmente beaucoup peut bien être une année de détresse pour le plus grand nombre.

D'après la quantité même de ce produit, selon les mesures propres à chaque nature de denrées? Mais les espèces et les proportions des denrées produites étant différentes pour chaque pays, comment asseoir des comparaisons sous ce rapport? D'après la rapidité du mouvement d'ascendance ou de descendance, soit de la population, soit du produit annuel? C'est là en effet, pourvu qu'on embrasse une période suffisamment longue, le symptôme le moins équivoque du bien-être ou du malaise des sociétés : mais à quoi peut nous servir ce symptôme, sinon à reconnaître des faits accomplis, des faits à la production desquels non-seulement des causes économiques, dans l'acception ordinaire du mot, mais une foule de causes morales ont simultanément concouru?

Loin de nous toutefois la pensée de vouloir déprécier les efforts philanthropiques de ceux qui cherchent à jeter du jour sur l'économie sociale. Il n'appartient qu'à des esprits étroits de décrier la médecine, parce qu'on n'a pas pu calculer les phénomènes physiologiques comme les mouvements planétaires. L'économie politique est l'hygiène et la pathologie du corps social : elle reconnaît pour guide l'expérience ou plutôt l'observation; la sagacité d'un esprit supérieur peut même devancer les résultats de l'expérience. Nous voulons seulement faire comprendre que, dans le noble but qu'elle se propose, l'amélioration du sort des hommes, ce n'est pas théoriquement qu'elle peut procéder, ou parce que les rapports qu'elle considère ne sont pas réductibles à des termes fixes, ou bien à cause de l'extrême complication de ces rapports, qui surpasse nos moyens de combinaison et d'analyse.

6. Au contraire, l'idée abstraite de richesse, telle que nous l'avons conçue, constituant un rapport parfaitement déterminé, peut, comme toutes les idées précises, devenir l'objet de déductions théoriques; et si ces déductions sont assez nombreuses, si elles paraissent assez importantes pour être réunies en un corps de doctrine, il y aura, ce nous semble, avantage à présenter ce corps de doctrine isolément, sauf à en faire telles applications qu'on jugera convenables aux branches de l'économie politique avec lesquelles la théorie des richesses a des connexions intimes. Il sera utile de distinguer ce qui admet une démonstration abstraite, d'avec ce qui ne comporte qu'une appréciation contestable.

La théorie des richesses, selon la notion que nous essayons d'en donner, ne serait sans doute qu'une spéculation oiseuse, si d'ailleurs l'idée abstraite de richesse ou de valeur échangeable, sur laquelle elle est fondée, s'éloignait trop de ce que sont les richesses dans l'état de nos habitudes sociales. Il en serait de même de l'hydrostatique, si la constitution des fluides les plus répandus dans la nature s'éloignait trop de l'hypothèse de fluidité parfaite. Mais telle est, comme on l'a déjà dit, l'influence d'une civilisation progressive, qu'elle tend sans cesse à rapprocher les rapports réels et variables du rapport absolu auquel nous nous sommes élevés par voie d'abstraction. En pareille matière tout devient de plus en plus évaluable, et par conséquent mesurable. Les démarches pour parvenir à l'échange se résolvent en frais de courtage, les délais en frais d'escompte, les chances de pertes en frais d'assurance, et ainsi de suite. Les progrès de l'esprit d'association et des institutions qui s'y rattachent, les modifications survenues dans les institutions civiles, tout conspire à cette mobilisation dont nous ne voulons être ici ni l'apologiste, ni le détracteur, mais qui est le fondement de l'application de la théorie aux faits sociaux.

CHAPITRE II.

Des changements de valeur, absolus et relatifs.

7. Lorsqu'il s'agit de remonter aux premières notions sur lesquelles une science repose, et de les formuler avec précision, on rencontre presque toujours des difficultés qui tiennent quelquefois à l'origine même des idées, plus souvent aux imperfections du langage. C'est par exemple un point assez obscur, dans les écrits des économistes, que la définition de la *valeur*, la distinction des valeurs relatives et des valeurs absolues : une comparaison bien simple et d'une exactitude frappante va nous servir à l'éclaircir.

Nous jugeons qu'un corps se meut lorsqu'il change de situation par rapport à d'autres corps que nous considérons comme fixes. Si nous observons à deux époques différentes un système de points matériels, et que les situations respectives de ces points ne soient pas les mêmes aux deux époques, nous en concluons nécessairement que quelques-uns de ces points, sinon tous, se sont déplacés ; mais si de plus nous ne pouvons pas les rapporter à des points de la fixité desquels nous soyons sûrs, il nous est de prime abord impossible d'en rien conclure sur le déplacement ou l'immobilité de chacun des points du système en particulier.

Cependant si tous les points du système, à l'exception d'un seul, avaient conservé leur situation relative, nous regarderions comme très-probable que ce point unique est le seul qui s'est déplacé ; à moins toutefois que les autres points ne fussent liés entre eux, de manière à ce que le déplacement de l'un entraînât le déplacement de tous les autres.

Nous venons d'indiquer un cas extrême, celui où tous les points, à l'exception d'un seul, ont conservé leurs situations relatives ; mais, sans entrer dans les détails, on conçoit bien qu'entre toutes les manières d'expliquer le changement d'état du système, il peut s'en présenter de beaucoup plus simples, et qu'on n'hésitera point à regarder comme beaucoup plus probables que d'autres.

Si l'on ne se bornait pas à observer le système à deux époques distinctes, mais qu'on le suivît dans ses états successifs, il y aurait des hypothèses sur les mouvements absolus des divers points du système que l'on serait conduit à préférer pour l'explication de leurs mouvements relatifs. C'est ainsi qu'abstraction faite des rapports de grandeur des corps célestes et de la connaissance des lois de la gravitation, l'hypothèse de Copernic expliquerait, d'une manière plus simple et plus plausible que celles de Ptolémée ou de Tycho, les mouvements apparents du système planétaire.

Dans ce qui précède nous ne considérons le mouvement que comme une relation géométrique, un changement de situation, abstraction faite de toute idée de cause ou de force motrice et de la connaissance des lois qui régissent le mouvement de la matière. Sous ce nouveau rapport naîtront d'autres jugements de probabilité. Si, par exemple, la masse du corps A l'emporte considérablement sur celle du corps B, nous jugerons que le changement de situation des corps A et B est dû plus vraisemblablement au déplacement de B qu'à celui de A.

Enfin, il y a des circonstances qui peuvent nous donner la certitude que les mouvements relatifs ou apparents proviennent du déplacement de tel corps et non de tel autre [1]. Ainsi l'aspect d'un animal nous apprendra, par des symptômes non équivoques, s'il sort de l'état de repos ou de l'état de mouvement. Ainsi, pour rentrer dans l'exemple précédemment choisi, les expériences du pendule, rapprochées des lois connues de la mécanique, démontreront le mouvement diurne de la terre; le phénomène de l'aberration de la lumière démontrera son mouvement annuel; et l'hypothèse de Copernic prendra rang parmi les vérités démontrées.

8. Examinons maintenant comment des considérations parfaitement analogues à celles que nous venons de rappeler ressortent de l'idée des valeurs échangeables.

De même que nous ne pouvons assigner la situation d'un point que par rapport à d'autres points, ainsi nous ne pouvons assigner la valeur d'une den-

[1] Voyez Newton, *Principes*, Liv. I, à la fin des définitions préliminaires.

rée [1] que par rapport à d'autres denrées. Il n'y a en ce sens que des valeurs relatives. Mais lorsque ces valeurs relatives viennent à changer, nous concevons clairement que la raison de cette variation peut se trouver dans le changement de l'un des termes du rapport, ou de l'autre terme, ou de tous deux à la fois ; de même que lorsque la distance de deux points vient à varier, la raison de ce changement peut être dans le déplacement de l'un ou de l'autre des deux points, ou de tous deux. C'est ainsi pareillement que lorsque deux cordes sonores ont eu d'abord entre elles un intervalle musical défini, et qu'au bout d'un certain temps elles cessent d'offrir cet intervalle, on se demande si le ton de l'une a haussé, si le ton de l'autre a baissé, ou si ces deux effets ont simultanément concouru à faire varier l'intervalle.

Nous distinguons donc très-bien les changements relatifs de valeur qui se manifestent par la variation des valeurs relatives, d'avec les changements absolus de valeur de l'une ou de l'autre des denrées entre lesquelles l'échange établit des rapports.

De même qu'on peut faire un nombre indéterminé d'hypothèses sur le mouvement absolu d'où résulte le mouvement relatif observé dans un système de

[1] Il est presque inutile d'observer que nous prenons, *brevitatis causâ*, le terme de *denrée* dans l'acception la plus générale, et que nous y comprenons les prestations de services mesurables, qui peuvent s'échanger, soit entre elles, soit contre les denrées proprement dites, et qui ont, comme celles-ci, un prix courant ou une valeur d'échange. Nous ne réitérerons pas dans la suite cette remarque, qu'il sera facile de suppléer d'après le sens du discours.

points, ainsi l'on peut multiplier indéfiniment les hypothèses sur les variations absolues, desquelles résultent les variations relatives observées dans les valeurs d'un système de denrées.

Cependant, si toutes les denrées, à l'exception d'une seule, conservaient les mêmes valeurs relatives, nous regarderions comme bien plus vraisemblable l'hypothèse qui ferait porter le changement absolu sur cette denrée unique ; à moins qu'on n'aperçût entre toutes les autres denrées une dépendance telle, que l'une ne pût varier sans entraîner, dans les valeurs de celles qui en dépendent, des variations proportionnelles.

Par exemple, un observateur qui, à l'inspection d'un tableau statistique et séculaire des valeurs, verrait celle de l'argent baisser à peu près des quatre cinquièmes vers la fin du XVIe siècle, tandis que les autres denrées ont conservé sensiblement les mêmes valeurs relatives, regarderait comme très-vraisemblable qu'il est survenu un changement absolu dans la valeur de l'argent, lors même qu'il ignorerait l'événement de la découverte des mines de l'Amérique. Et au contraire, s'il voyait le prix du blé doubler d'une année à l'autre, sans que les prix de la plupart des autres denrées, ou leurs valeurs relatives, variassent d'une manière notable, il l'attribuerait à un changement absolu dans la valeur du blé, quand même il ignorerait qu'une mauvaise récolte de céréales a précédé cette cherté.

Indépendamment de ce cas extrême, où la perturbation du système des valeurs relatives s'explique par le mouvement d'une seule denrée, on conçoit qu'entre toutes les hypothèses qu'il est permis de faire sur les variations absolues, il y en a qui rendent raison des variations relatives d'une manière plus simple et plus probable.

Si l'on ne se borne pas à comparer le système des valeurs relatives, à deux époques distinctes, mais qu'on le suive dans ses états intermédiaires, il en résultera de nouvelles données, pour assigner la loi la plus probable des variations absolues, entre toutes celles qui peuvent satisfaire à la loi observée des variations relatives.

9. Soient

$$p_1 \ , \ p_2 \ , \ p_3 \ , \ \text{etc.}$$

les valeurs de certaines denrées, rapportées au gramme d'argent; si l'on veut changer l'étalon des valeurs, et substituer par exemple au gramme d'argent le myriagramme de blé, les valeurs des mêmes denrées s'exprimeront par les nombres

$$\frac{1}{a}p_1 \ , \ \frac{1}{a}p_2 \ , \ \frac{1}{a}p_3 \ , \ \text{etc.}$$

a étant le prix du myriagramme de blé, ou sa valeur rapportée au gramme d'argent. En général, lorsqu'on voudra changer l'étalon des valeurs, il suffira de multiplier les expressions numériques des valeurs par un facteur constant, plus grand ou plus petit que l'unité ; de même que si l'on avait un système de points assujétis à rester en ligne droite, il suffirait de connaître les distances de ces points à l'un quelconque d'entre eux, pour en conclure par l'addition d'un nombre constant, positif ou négatif, leurs distances rapportées à un autre point du système, pris pour nouvelle origine.

De là résulte un moyen très-simple d'exprimer par une image mathématique les variations survenues dans les valeurs relatives d'un système de denrées. Il suffit de concevoir un système formé d'autant de points disposés en ligne droite qu'il y a de denrées à comparer, de manière à ce que les distances de l'un de ces points à tous les autres restent toujours proportionnelles aux logarithmes des nombres qui mesurent les valeurs de toutes ces denrées par rapport à l'une d'entre elles. Tous les changements de distance qui auront lieu par voie d'addition et de soustraction, en vertu des mouvements relatifs et absolus d'un semblable système de points mobiles, correspondront parfaitement aux changements par voie de multiplication et de division dans le système des valeurs que l'on compare : d'où il suit que les calculs propres à déterminer l'hypothèse la plus probable sur les mouvements absolus du système de points, s'appliqueront, en repassant des logarithmes aux nombres, à la détermination de l'hypothèse la plus probable sur les variations absolues du système des valeurs.

Mais en général ces calculs de probabilité, motivés sur l'ignorance absolue où nous serions des causes qui ont fait varier les valeurs n'auraient qu'un faible intérêt. Ce qui importe véritablement, c'est de connaître les lois qui régissent les variations de valeurs, ou en d'autres termes la théorie des richesses. Cette théorie seule permettra de démontrer à quelles variations absolues sont dues les variations relatives qui tombent dans le domaine de l'observation ; de même (s'il est permis de comparer à la plus parfaite de toutes les sciences celle qui est encore le plus près de son berceau) de même que la théorie des lois du mouvement, commencée par Galilée, complétée par Newton, a seule permis de démontrer à quels mouvements réels et absolus sont dus les mouvements relatifs et apparents du système planétaire.

10. En résumé, il n'existe que des valeurs relatives ; en chercher d'autres, c'est tomber en contradiction avec la notion même de la valeur échangeable qui implique nécessairement celle d'un rapport entre deux termes.

Mais aussi le changement survenu dans ce rapport est un effet relatif qui peut et doit s'expliquer par des changements absolus dans les termes du rapport. Il n'y a pas de valeurs absolues, mais bien des mouvements de hausse et de baisse absolues dans les valeurs.

Parmi les hypothèses que l'on peut faire sur les changements absolus, productifs du changement relatif observé, il y en a que les lois générales de la probabilité désignent comme plus vraisemblables ; la connaissance des lois spéciales en cette matière peut seule conduire à substituer à ce jugement de probabilité un jugement de certitude.

11. Si la théorie indiquait une denrée qui ne fût pas susceptible d'éprouver de variation absolue dans sa valeur, en y rapportant toutes les autres on déduirait immédiatement leurs variations absolues de leurs variations relatives ; mais il suffit d'une légère attention pour se convaincre que ce terme fixe n'existe pas, quoiqu'il y ait des denrées qui se rapprochent beaucoup plus que d'autres des conditions sous lesquelles ce terme fixe existerait.

Les métaux monétaires sont au nombre des denrées qui, dans les circonstances ordinaires, et pourvu qu'on n'embrasse pas un trop long période de temps, n'éprouvent que de faibles variations absolues dans leur valeur. S'il n'en était pas ainsi, toutes les transactions seraient troublées comme elles le sont par un papier-monnaie sujet à éprouver de brusques dépréciations [1].

Les substances telles que le blé, qui font la base de l'alimentation, sont au contraire exposées à de violentes perturbations ; mais si l'on embrasse un

[1] Ce qui caractérise le contrat de vente et le distingue essentiellement du contrat d'échange, c'est l'invariabilité de la valeur absolue des métaux monétaires, du moins dans le laps de temps qu'embrassent ordinairement les transactions civiles. Dans un pays où la valeur absolue du signe monétaire est sensiblement variable, il n'y a pas, à proprement parler, de contrats de vente. Cette distinction doit influer sur la solution de certaines questions de jurisprudence.

assez long période de temps, ces perturbations se compensent, et la valeur moyenne se rapproche des conditions de fixité, plus encore peut-être que celle des métaux monétaires. Cela n'empêche pas que la valeur moyenne ainsi déterminée ne puisse éprouver et n'éprouve en effet, sur une échelle de durée plus grande encore, des variations absolues. Ici, comme en astronomie, il faut reconnaître des variations *séculaires*, indépendamment des variations *périodiques*.

Quant au salaire des travailleurs de dernier ordre, de ceux que l'on ne salarie en quelque sorte que comme agents mécaniques ; cet élément, que l'on a souvent proposé de prendre pour étalon des valeurs, est sujet comme le blé à des variations absolues tant périodiques que séculaires : et si les oscillations périodiques ont en général moins d'amplitude pour cet élément que pour le blé, en revanche nous pouvons dès à présent soupçonner que les modifications progressives de l'état social lui font subir des variations séculaires beaucoup plus rapides.

Mais si aucune denrée ne se trouve sous les conditions requises pour la parfaite fixité, nous pouvons, nous devons en imaginer une qui n'aura sans doute qu'une existence abstraite [1], mais aussi qui ne figurera que comme un terme auxiliaire de comparaison destiné à faciliter l'intelligence de la théorie, sauf à disparaître des applications finales.

C'est ainsi que les astronomes imaginent un soleil

[1] Montesquieu, *Esprit des Lois*, liv. XXII, chap. 8.

moyen, doué d'un mouvement uniforme; et que rapportant successivement à cet astre imaginaire tant le soleil vrai que les autres corps célestes, ils en concluent finalement la situation réelle de ces astres par rapport au vrai soleil.

12. Il paraîtrait peut-être convenable de rechercher d'abord les causes qui impriment à la valeur des métaux monétaires des variations absolues, et lorsqu'on saurait en tenir compte, de rapporter à la valeur *réduite* de l'argent les variations survenues dans les valeurs des autres denrées. *Cet argent réduit* serait l'équivalent du soleil moyen des astronomes.

Mais, d'une part, l'un des points les plus délicats de la théorie des richesses est précisément l'analyse des causes qui font varier la valeur des métaux monétaires, employés comme instruments de la circulation: d'autre part, on peut légitimement admettre, ainsi qu'on l'a dit plus haut, que les métaux monétaires n'éprouvent pas de variations notables dans leurs valeurs, à moins que l'on ne compare des époques très-éloignées, ou bien encore à moins de brusques révolutions désormais peu probables, auxquelles donnerait lieu la découverte de nouveaux procédés métallurgiques ou de nouveux gîtes métallifères. On dit à la vérité vulgairement que le prix de l'argent va sans cesse en diminuant, et avec une rapidité assez grande pour que dans la durée d'une génération la dépréciation des valeurs monétaires soit très-sensible; mais en remontant, ainsi que nous l'avons indiqué dans ce chapitre, à la cause du phénomène, on reconnaît que le changement relatif est dû surtout à un mouvement absolu de hausse dans les prix de la plupart des denrées qui servent directement aux besoins et aux jouissances de l'homme, mouvement ascensionnel produit par l'accroissement de la population et par les développements progressifs de l'industrie et du travail. On trouvera des explications suffisantes sur ce point de doctrine dans les écrits de la plupart des économistes modernes.

Enfin, il nous sera d'autant plus permis de faire abstraction, dans ce qui va suivre, des variations absolues auxquelles serait sujette la valeur des métaux monétaires, que nous n'avons pas en vue immédiatement des applications numériques. Si la théorie était assez avancée, les données assez précises pour rendre de telles applications praticables, on passerait facilement de la valeur d'une denrée, rapportée à un module fictif et invariable, à sa valeur monétaire. Si la valeur d'une denrée calculée par rapport à ce module fictif était p à une certaine époque ; que celle du métal monétaire fût π ; qu'à une autre époque ces nombres eussent pris d'autres valeurs p' et π' ; il est clair que la valeur monétaire de la denrée aurait varié dans le rapport de

$$\frac{p}{\pi} \text{ à } \frac{p'}{\pi'}.$$

Si la valeur absolue des métaux monétaires n'éprouve avec le temps que des variations lentes et peu sensibles dans l'étendue du monde commercial, les valeurs relatives de ces mêmes métaux éprouvent, d'une place de commerce à l'autre, de petites variations qui constituent ce que l'on nomme le *cours du change*, et dont la formule mathématique est d'une grande simplicité, ainsi qu'on le verra dans le chapitre suivant.

CHAPITRE III.

Du Change.

13. Le temps viendra sans doute où tous les peuples civilisés sentiront le bienfait de l'uniformité des mesures. Un des titres de la révolution française à la reconnaissance des générations futures, est d'avoir pris l'initiative au sujet de cette grande amélioration sociale; et, malgré les préjugés nationaux et politiques, cet exemple n'a pas tardé à trouver des imitateurs.

L'uniformité et la stabilité des mesures acquièrent encore une bien plus grande importance, lorsqu'il s'agit du système monétaire, tant de fois bouleversé par la cupidité et la mauvaise foi des gouvernements. Au surplus l'état des sociétés européennes rend impossible le retour du désordre dans lequel est restée si longtemps, et chez presque tous les peuples, une chose aussi simple de sa nature que le système monétaire. Il serait superflu de reproduire à ce sujet des observations devenues tout-à-fait vulgaires.

Nous supposerons donc que tous les peuples commerçants aient adopté la même unité monétaire, par exemple, le gramme d'argent fin, ou, ce qui revient au même, que le rapport de chaque unité monétaire au gramme d'argent fin soit invariablement fixé. La connaissance de ces rapports constitue en grande partie ce qu'on regarde parmi les praticiens comme la science du change. Il est évident que cette science, qui peut se résumer dans une table que l'on trouve partout, ne doit pas arrêter notre attention. En d'autres termes, nous ne nous occuperons pas du change nominal, mais du change réel, c'est-à-dire du rapport entre les valeurs d'échange d'un même poids d'argent fin, selon qu'il est livrable en des lieux différents. Il est encore évident que les frais de change, ou la différence du rapport du change à l'unité, ne peuvent excéder les frais de transport de ce poids d'argent fin d'une place à l'autre, quand le commerce des métaux précieux est libre entre les deux places, ou les frais de transport augmentés de la prime de contrebande, quand ce commerce est gêné par des lois prohibitives. Pour touver les *équations du change*, nous admettrons d'abord que les frais de change sont inférieurs aux frais de transport, ou que le change s'opère sans qu'il y ait un transport réel d'argent, sans que la répartition des métaux précieux entre les places de change cesse d'être la même.

14. Ne supposons en premier lieu que deux places de change : désignons par $m_{1,2}$ la totalité des sommes dont la place (1) est annuellement débitrice envers la place (2); par $m_{2,1}$ la totalité des sommes dont la place (2) est annuellement débitrice envers la place (1); par $c_{1,2}$ le change de la place (1) à la place (2), ou ce que l'on donne d'argent sur la place (2) en échange d'un poids d'argent exprimé par 1, et livrable sur la place (1).

En admettant ces notations, et en partant de l'hypothèse que les deux places soldent leur compte sans transport d'argent de part ni d'autre, il est clair que l'on aura

$$m_{1,2}\ c_{1,2} = m_{2,1}\ , \quad \text{ou} \quad c_{1,2} = \frac{m_{2,1}}{m_{1,2}}\ ;$$

on a en général

$$c_{2,1} = \frac{1}{c_{1,2}}\ ,$$

et dans le cas particulier

$$c_{2,1} = \frac{m_{1,2}}{m_{2,1}}\ .$$

Toutes les fois donc que le rapport $\frac{m_{2,1}}{m_{1,2}}$ ne différera de l'unité que d'une quantité moindre que le prix du transport de l'unité monétaire d'une place à l'autre, le compte se soldera entre les deux places sans transport réel d'argent, et par le seul effet du cours du change.

Supposons maintenant un nombre quelconque de places en communication ; de sorte que $m_{i,k}$ exprime généralement la totalité des sommes que la place (i) doit annuellement à la place (k), et $c_{i,k}$ le coefficient du change, de la place (i) à la place (k). Le nombre de ces coefficients est de $r(r-1)$ pour un nombre de places exprimé par r ; mais comme en général $c_{i,k} = \frac{1}{c_{k,i}}$, le nombre des coefficients à déterminer se trouve réduit d'abord à $\frac{r(r-1)}{2}$.

En outre ces coefficients ne sont pas indépendants les uns des autres ; car si l'on avait, par exemple,

$$c_{i,k} > c_{i,l} \cdot c_{l,k},$$

celui qui aurait à faire passer de l'argent de (k) en (i), au lieu de prendre une remise de (k) sur (i), trouverait meilleur compte à en prendre une de (k) sur (l), qu'il échangerait contre une autre de (l) sur (i). Par la même raison, on ne peut pas avoir non plus

$$c_{i,k} < c_{i,l} \cdot c_{l,k},$$

car on en déduirait

$$c_{i,l} > \frac{c_{i,k}}{c_{l,k}},$$

ou

$$c_{i,l} > c_{i,k} \cdot c_{k,l},$$

ce qui vient d'être démontré impossible, quelles que soient les lettres i, k, l.

Ainsi l'on a généralement

$$(a) \qquad c_{i,k} = c_{i,l} \cdot c_{l,k},$$

ou du moins, si cette relation cesse momentanément d'être satisfaite, les négociations de banque tendent sans cesse à la rétablir. Or notre analyse n'a en vue que cet état d'équilibre autour duquel les variations du commerce font sans cesse osciller les valeurs d'échange.

On peut représenter géométriquement la relation (*a*), en imaginant une série de points (*i*), (*k*), (*l*),.... tellement placés que la distance entre les deux points (*i*), (*k*) soit mesurée par le logarithme du nombre $c_{i,k}$. Au moyen de cette convention, la relation (*a*) exprime que les points (*i*), (*k*), (*l*), et en général tous les points de la série, en nombre égal à celui des places de change, doivent être situés sur une même ligne droite.

De cela même il résulte qu'il suffit de connaître les coefficients du change de l'une des places à toutes les autres, pour en déduire les changes de ces dernières places entre elles. En vertu de cette remarque, il ne reste plus qu'un nombre de coefficients inconnus, exprimé par r-1, r étant toujours le nombre des places.

15. Or il est aisé de trouver autant d'équations qu'il y a de places qui communiquent, en partant toujours de l'hypothèse qu'il ne se fait aucun transport réel d'argent d'une place à l'autre; et qu'ainsi ce qu'une place doit à toutes les autres, a, sur la première place elle-même, précisément la même valeur que ce que toutes les autres lui doivent.

On obtient par là les équations suivantes :

$$(b)\left\{\begin{array}{l} m_{1,2}+m_{1,3}+\ldots\ldots+m_{1,r}=m_{2,1}\,c_{2,1}+ \\ \qquad m_{3,1}\,c_{3,1}+\ldots+m_{r,1}\,c_{r,1}\;, \\ m_{2,1}+m_{2,3}+\ldots\ldots+m_{2,r}=m_{1,2}\,c_{1,2}+ \\ \qquad m_{3,2}\,c_{3,2}+\ldots+m_{r,2}\,c_{r,2}\;, \\ m_{3,1}+m_{3,2}+\ldots\ldots+m_{3,r}=m_{1,3}\,c_{1,3}+ \\ \qquad m_{2,3}\,c_{2,3}+\ldots+m_{r,3}\,c_{r,3}\;, \\ \ldots\ldots\ldots\ldots\ldots\ldots\ldots\ldots \\ m_{r,1}+m_{r,2}+\ldots\ldots+m_{r,r-1}=m_{1,r}\,c_{1,r}+ \\ \qquad m_{2,r}\,c_{2,r}+\ldots\ldots+m_{r-1,r}\,c_{r-1,r}\;. \end{array}\right.$$

Mais ces équations sont au nombre de r, tandis que, d'après ce qui vient d'être dit, tous les coefficients inconnus peuvent être exprimés en fonction des coefficients $c_{1,2}$, $c_{1,3}$, ... $c_{1,r}$, qui sont seulement en nombre r-1. Il faut donc que l'une des équations qui précèdent rentre dans les autres ; et en effet, si l'on pose :

$$(c)\left\{\begin{array}{l} c_{1,2}=\dfrac{1}{c_{2,1}}\;,\quad c_{1,3}=\dfrac{1}{c_{3,1}}\;,\quad\ldots\; c_{1,r}=\dfrac{1}{c_{r,1}}\;, \\ c_{3,2}=c_{3,1}\cdot c_{1,2}=\dfrac{c_{3,1}}{c_{2,1}}\;, \\ \ldots\ldots\ldots\ldots\ldots\ldots\ldots\ldots \\ c_{r-1,r}=\dfrac{c_{r-1,1}}{c_{r,1}}\;, \end{array}\right.$$

les équations (b) deviennent :

$$
(d)\left\{
\begin{aligned}
& m_{1,2} + m_{1,3} + \dots\dots + m_{1,r} = m_{2,1}\, c_{2,1} + \\
& \qquad m_{3,1}\, c_{3,1} + \dots + m_{r,1}\, c_{r,1}\,, \\
& (m_{2,1} + m_{2,3} + \dots\dots + m_{2,r})\, c_{2,1} = m_{1,2} + \\
& \qquad m_{3,2}\, c_{3,1} + \dots + m_{r,2}\, c_{r,1}\,, \\
& (m_{3,1} + m_{3,2} + \dots\dots + m_{3,r})\, c_{3,1} = m_{1,3} + \\
& \qquad m_{2,3}\, c_{2,1} + \dots + m_{r,3}\, c_{r,1}\,, \\
& \dots\dots\dots\dots\dots\dots\dots\dots \\
& (m_{r,1} + m_{r,2} + \dots\dots + m_{r,r-1})\, c_{r,1} = m_{1,r} + \\
& \qquad m_{2,r}\, c_{2,1} + \dots\dots m_{r-1,r}\, c_{r-1,1}\,.
\end{aligned}
\right.
$$

Si l'on ajoute toutes ces équations ensemble, moins la première, et qu'on efface dans chaque membre les termes qui se détruisent, on retombera sur la première équation. Ainsi, l'on n'a que le nombre d'équations distinctes, précisément égal à celui des variables indépendantes.

Dans le cas où l'on voudrait se borner à considérer trois places, les équations (d) deviendraient :

$$
\begin{aligned}
& m_{1,2} + m_{1,3} = m_{2,1}\, c_{2,1} + m_{3,1}\, c_{3,1}\,, \\
& (m_{2,1} + m_{2,3})\, c_{2,1} = m_{1,2} + m_{3,2}\, c_{3,1}\,, \\
& (m_{3,1} + m_{3,2})\, c_{3,1} = m_{1,3} + m_{2,3}\, c_{2,1}\,.
\end{aligned}
$$

On en tirerait :

$$
c_{2,1} = \frac{m_{3,1}\, m_{1,2} + m_{1,2}\, m_{3,2} + m_{1,3}\, m_{3,2}}{m_{2,1}\, m_{3,1} + m_{2,1}\, m_{3,2} + m_{3,1}\, m_{2,3}}\,,
$$

$$
c_{3,1} = \frac{m_{2,1}\, m_{1,3} + m_{1,2}\, m_{2,3} + m_{1,3}\, m_{2,3}}{m_{2,1}\, m_{3,1} + m_{2,1}\, m_{3,2} + m_{3,1}\, m_{2,3}}\,,
$$

et par suite,

$$c_{3,2}=\frac{m_{2,1}m_{1,3}+m_{1,2}m_{2,3}+m_{1,3}m_{2,3}}{m_{3,1}m_{1,2}+m_{1,2}m_{3,2}+m_{1,3}m_{3,2}}.$$

La composition des valeurs de $c_{2,1}$, $c_{3,1}$, $c_{3,2}$, dans ce cas particulier, indique assez comment le rapport de $m_{1,2}$ à $m_{2,1}$ peut varier considérablement, sans qu'il en résulte de grandes variations dans la valeur de $c_{2,1}$; ou, en d'autres termes, comment la liaison des places de change atténue les variations du change d'une place à l'autre.

16. L'analyse précédente suppose que la valeur de chaque coefficient, tel que $c_{2,1}$, ne tombe pas au-dessous d'une certaine limite $\gamma_{2,1}$, qui dépend du prix du transport réel de l'unité monétaire, de la place (2) à la place (1), y compris la prime de contrebande, si les lois gênent l'exportation des métaux précieux. Ainsi, en désignant ce prix de transport par $p_{2,1}$, on aura, pour la limite supérieure de $c_{1,2}$,

$$1+p_{2,1},$$

et, pour la limite inférieure de $c_{2,1}$,

$$\gamma_{2,1}=\frac{1}{1+p_{2,1}}.$$

Admettons maintenant que les équations (c) et (d) donnent au contraire

$$c_{2,1}<\gamma_{2,1},$$

on en conclura que l'hypothèse qui exclut un transport réel d'argent de la place (2) à la place (1) n'est pas admissible; que, par conséquent, les deux premières équations (d)

$$m_{1,2} + m_{1,3} + \dots + m_{1,r} = m_{2,1}\, c_{2,1} + m_{3,1}\, c_{3,1} + \dots + m_{r,1}\, c_{r,1},$$

$$(m_{2,1} + m_{2,3} + \dots + m_{2,r})\, c_{2,1} = m_{1,2} + m_{3,2}\, c_{3,1} + \dots + m_{r,2}\, c_{r,1},$$

cessent d'avoir lieu, puisqu'elles expriment que les places (1) et (2) soldent leurs créances et leurs dettes par la seule compensation du change, sans importation ni exportation d'argent. Il faudra remplacer dans les autres équations (d) l'inconnue $c_{2,1}$, par la constante $\gamma_{2,1}$; et, comme ces équations sont en nombre r-2, elles suffiront précisément pour déterminer les r-2 inconnues qui restent, savoir $c_{3,1}$, $c_{4,1}$ ..... $c_{r,1}$.

Si l'on se reporte à la signification des deux premières équations (b), qui cessent d'être vérifiées dans l'hypothèse actuelle, on verra que la somme importée sur la place (1), le coût du transport déduit, a pour valeur

$$\mathrm{I} = m_{2,1}\, \gamma_{2,1} + m_{3,1}\, c_{3,1} + \dots + m_{r,1}\, c_{r,1} - (m_{1,2} + m_{1,3} + \dots + m_{1,r}),$$

et que la somme exportée de la place (2), y compris le coût du transport, est exprimée par

$$\mathrm{E} = m_{2,1} + m_{2,3} + \dots + m_{2,r} - (m_{1,2}\, \gamma_{1,2} + m_{3,2}\, c_{3,2} + \dots + m_{r,2}\, c_{r,2}).$$

On doit de plus avoir

$$(e) \qquad E\,\gamma_{2,1} = I\,,$$

puisque la différence de E à I ne provient que du coût du transport de la place (2) à la place (1). Il faut donc que cette équation de condition soit rendue identique, au moyen des valeurs de $c_{3,1}$, ... $c_{r,1}$, tirées des équations (*d*), après qu'on y a substitué pour $c_{2,1}$, sa valeur actuelle $\gamma_{3,1}$. Or, si l'on ajoute les équations (*d*), moins les deux premières qui ne subsistent plus dans ce cas, et si l'on supprime les termes qui se détruisent, on tombera précisément sur une équation de condition identique avec l'équation (*e*).

17. Remarquons que la relation

$$(a) \qquad c_{i,k} = c_{i,1} \,.\, c_{1,k}\,.$$

subsiste toujours, lors même que les coefficients c atteignent leurs limites γ, par suite d'un transport réel de fonds d'une place à l'autre. Le raisonnement qu'on a fait plus haut pour justifier cette équation, s'applique tout aussi bien au cas actuel. Si, par exemple, on avait

$$\gamma_{i,k} > \gamma_{i,1} \,.\, c_{1,k}\,,$$

celui qui voudrait faire passer des fonds de (*k*) en (*i*), au lieu de payer les frais du transport réel, prendrait une remise de (*k*) en (*l*), et, la remise réalisée, ferait voiturer les fonds de (l) en (i). Si au contraire on avait

$$\gamma_{i,k} < \gamma_{i,l} \cdot c_{l,k} ,$$

on en déduirait

$$\gamma_{i,l} > \gamma_{i,k} \cdot c_{k,l} ;$$

et celui qui aurait à faire passer des fonds de (l) en (i), prendrait une remise de (l) sur (k), dont les fonds réalisés seraient voiturés de (k) en (i). En conséquence, à supposer que la relation

$$\gamma_{i,k} = \gamma_{i,l} \cdot c_{l,k}$$

fût troublée momentanément, les opérations de banque tendraient sans cesse à la rétablir.

On tire de là une conséquence singulière, et pourtant très-rigoureuse, au moins en théorie : si l'on considère trois places de banque, (i), (k), (l), il y en aura toujours au moins deux qui ne communiqueront point entre elles par des envois directs de fonds, ou entre lesquelles le change s'effectuera par de simples virements de valeurs, sans transport réel d'argent, et sans que le taux du change arrive à la limite qu'il devrait atteindre, si ce taux était déterminé par le prix du transport réel d'une place à l'autre. En effet, s'il pouvait y avoir un transport réel de fonds de (i) en (k), de (i) en (l) et de (k) en (l), comme les causes qui fixent le prix du transport réel de (i) en (k) sont indépendantes de celles qui fixent le prix du transport réel de (i) en (l), et que les unes et les autres ne dépendent nullement de celles qui fixent le prix du transport de (k) en (l), il serait infiniment peu probable, ou physiquement impossible, que les coefficients $\gamma_{i,k}$, $\gamma_{i,l}$, $\gamma_{l,k}$ satisfissent précisément à l'équation de condition :

$$\gamma_{i,k} = \gamma_{i,l} \cdot \gamma_{l,k}.$$

On conçoit bien que, dans la pratique, ce principe cesse d'être rigoureusement applicable, parce que le cours du change n'est pas fixé avec une précision mathématique, et aussi parce que l'on peut avoir des raisons pour faire un envoi en espèces, lorsque le coût du transport n'excède pas trop ce qu'on perdrait sur la négociation d'une traite. Dans cette question, comme dans toutes celles qui sont du ressort de la théorie des richesses, les principes fournis par la théorie gouvernent l'ensemble des applications, quoiqu'il ne faille pas les appliquer avec rigueur dans chaque cas particulier.

18. Ce que nous venons de dire pour trois places de change s'étend à un nombre quelconque de places. Ce nombre étant désigné par r, celui des coefficients du change est $r(r-1)$, mais il suffit de connaître $r-1$ de ces coefficients, pour déterminer tous les autres en vertu des équations (c). Supposons donc que $r-1$ coefficients, tels que $c_{i,k}$, atteignent leurs valeurs limites $\gamma_{i,k}$, parce qu'il se fait un mouvement réel de fonds entre les places (i) et (k); les coefficients inverses, tels que $c_{k,i}$ atteindront aussi leurs valeurs limites

$\gamma_{k,i}$; mais il y aura $r(r-1)-2(r-1)=(r-1)(r-2)$ coefficients, tels que $c_{k,l}$, qui n'atteindront pas leurs valeurs limites ; de sorte que la compensation des créances entre les places (k) et (l) s'opérera par des virements de banque, sans transport réel d'espèces.

En d'autres termes, dans l'hypothèse actuelle, toutes les places qui font partie du système, importeront ou exporteront de l'argent, mais il n'y aura pas importation ou exportation entre toutes les places combinées deux à deux. Sur le nombre des combinaisons $\frac{r(r-1)}{2}$, il y en aura r-1 auxquelles correspondront des mouvements réels de fonds, et $\frac{(r-1)(r-2)}{2}$ auxquelles correspondront de simples virements de banque.

Il faut bien d'ailleurs qu'il en soit ainsi ; car autrement les sommes qui doivent s'écouler annuellement d'une place à l'autre, pour solder leurs créances et leurs dettes respectives, resteraient indéterminées, ce qui répugne. En effet, si l'on étend à un nombre quelconque de places la considération dont nous avons fait usage plus haut pour déterminer la somme importée et exportée, quand il n'y a transport de fonds qu'entre deux places seulement, on reconnaîtra que l'on ne peut pas avoir, pour déterminer le montant de chaque importation ou exportation, plus de r équations, qui se déduiraient facilement des équations (b) ou (d), et qui se réduiraient même à r-1 équations distinctes. Il faut donc que le nombre des quantités à déterminer se réduise aussi à r-1, et en conséquence qu'il n'y ait que r-1 combinaisons entre les places, auxquelles combinaisons correspondent des mouvements réels de fonds.

Mais si l'on pouvait admettre que, dans un cas particulier, on eût précisément

$$\gamma_{i,k} = \gamma_{i,l} \cdot \gamma_{l,k} ,$$

comme cette équation signifierait qu'il en coûte précisément autant pour voiturer directement une somme d'argent de (k) en (i) que pour la voiturer d'abord de (h) en (l) et ensuite de (l) en (i), il n'y aurait plus moyen, d'après les données de la question, de déterminer complètement quelles sont les sommes transportées de l'une de ces places à l'autre ; et aussi l'on aurait dans ce cas plus d'inconnues que d'équations. On voit donc que toutes les conséquences de cette analyse se lient parfaitement entre elles.

19. Toutes les nations commerçantes emploient simultanément l'or et l'argent comme métaux monétaires [1], et de là résultent certaines relations entre les

[1] Le gouvernement russe a frappé de la monnaie de platine ; mais, comme l'observe très-bien M. Babbage dans son livre sur l'industrie manufacturière, le platine manque jusqu'ici d'une des qualités essentielles dans un métal monétaire : un lingot de platine a beaucoup plus de valeur quand il forme une seule masse que quand il a été divisé, à cause de la difficulté et de la cherté des procédés par lesquels on obtient le platine en grandes masses. Or, comme les monnaies étrangères n'ont d'autre valeur que la valeur du métal précieux qu'elles renferment, la monnaie de platine à l'étranger aurait beaucoup moins de valeur que n'en avaient les lingots qui ont servi à la fabriquer. Par une raison semblable, la monnaie de

cours du change et les prix comparatifs de l'or et de l'argent sur les différentes places de commerce. Appelons, comme précédemment, $c_{i,k}$ le coefficient du change de la place (i) à la place (k), ou ce que l'on donne d'argent sur la place (k) en échange d'un poids d'argent exprimé par 1, et livrable sur la place (i); désignons en outre par ρ_i le rapport du prix de l'or au prix de l'argent sur la place (i), ou le nombre de grammes d'argent que l'on donne sur la place (i) en échange d'un gramme d'or, et par ρ_k le rapport du prix de l'or au prix de l'argent sur la place (k). Admettons enfin que, si l'on transporte une somme h, en espèces d'or, de la place (i) à la place (k), cette somme se trouve réduite à $\varepsilon_{i,k}\, h$, déduction faite du coût du transport matériel, et de la prime de contrebande, dans le cas où des lois prohibitives gêneraient l'exportation de l'or de (i) en (k).

Avec un poids d'or exprimé par h, on achètera sur la place (i) un poids d'argent exprimé par $\rho_i\, h$, et livrable sur la même place; avec ce poids d'argent, ou avec le poids d'or qui en est l'équivalent, on achètera un poids d'argent exprimé par $\rho_i\, c_{i,k}\, h$, et livrable sur la place (k). Mais le poids d'or exprimé par h, s'il était matériellement transporté sur la place (k), se réduirait à $\varepsilon_{i,k}\, h$, déduction faite du coût du transport, et

billon vaut moins à l'étranger que ne valait en lingots le poids d'argent qu'elle contient, à cause de la dépense qu'exige la purification du métal pour sa conversion en lingots. En conséquence, un gouvernement aurait tort de fabriquer de la monnaie de billon au-delà de ce que peuvent exiger les besoins du menu commerce, dans la circulation intérieure.

achèterait sur cette dernière place un poids d'argent exprimé par $\rho_k\, \varepsilon_{i,k}\, h$: donc, le transport matériel s'effectuera si l'on a

$$\rho_k\, \varepsilon_{i,k}\, h > \rho_i\, c_{i,k}\, h \,,$$

ou

$$\frac{\rho_k}{\rho_i} > \frac{c_{i,k}}{\varepsilon_{i,k}} \,.$$

Tant que cette inégalité sera satisfaite, il y aura lieu à un écoulement d'or de (i) en (k); l'or devenant plus rare en (i) sera plus recherché; le rapport de la valeur de l'or à celle de l'argent s'élèvera sur la place (i), et, par la même raison, ce rapport s'abaissera sur la place (k) jusqu'à ce que l'on ait

$$\frac{\rho_k}{\rho_i} = \text{ ou } < \frac{c_{i,k}}{\varepsilon_{i,k}} \,.$$

La répétition du même raisonnement, ou simplement la permutation des indices, montre aussi que l'on doit avoir, après que l'équilibre s'est établi,

$$\frac{\rho_i}{\rho_k} = \text{ ou } < \frac{c_{k,i}}{\varepsilon_{k,i}} \,,$$

c'est-à-dire

$$\frac{\rho_k}{\rho_i} = \text{ ou } > c_{i,k} \,.\, \varepsilon_{k,i} \,,$$

à cause de la relation

$$c_{k,i} = \frac{1}{c_{i,k}} \,,$$

la définition du nombre $\varepsilon_{k,i}$ se déduisant d'ailleurs, par la permutation des indices, de celle du nombre $\varepsilon_{i,k}$.

Plus les nombres $\varepsilon_{i,k}$, $\varepsilon_{k,i}$ approchent de l'unité, plus sont étroites les limites entre lesquelles se trouvent resserrées la valeur du coefficient $c_{i,k}$, quand le rapport $\frac{\rho_k}{\rho_i}$ est donné, ou réciproquement la valeur du rapport $\frac{\rho_k}{\rho_i}$, quand on donne le coefficient du change $c_{i,k}$. Si ces nombres diffèrent très-peu de l'unité, ce qui doit arriver communément, à cause de la facilité d'exporter l'or à peu de frais et d'éluder au besoin les lois prohibitives, on aura sensiblement

$$\frac{\rho_k}{\rho_i} = c_{i,k}.$$

Dans ce cas, il suffira de donner le prix de l'or sur une place et les coefficients du change, pour en déduire le prix de l'or sur toutes les autres places avec lesquelles la première a des rapports de banque. Ce sera en vain que les gouvernements, en constituant leur système monétaire, fixeront un rapport légal entre la valeur de l'or et celle de l'argent (comme en France, où la loi assigne à ce rapport la valeur 15,5); si la valeur de l'or, telle qu'elle résulte des conditions données ci-dessus, est plus considérable, la monnaie d'or obtiendra une prime chez les changeurs, et recouvrera ainsi sa vraie valeur commerciale.

Il n'y aurait d'ailleurs rien à changer aux raisonnements qui précèdent, dans le cas où l'on supposerait que le coefficient du change $c_{i,k}$ a atteint sa valeur limite, valeur désignée ci-dessus par $\gamma_{i,k}$.

Les frais de monnayage et le droit que la plupart des gouvernements prélèvent pour la fabrication de la monnaie, élèvent, dans l'étendue du territoire national, les prix du gramme d'argent et du gramme d'or monnayés au-dessus des prix du gramme d'argent et du gramme d'or non monnayés ou en lingots. Cette valeur ajoutée disparaît, quand la monnaie passe à l'étranger, où on ne l'évalue que d'après son titre et son poids; c'est comme si les frais du transport matériel se trouvaient accrus du montant de cette perte que l'exportation fait éprouver à la monnaie nationale, et dès-lors on peut en tenir compte sans qu'il soit besoin de modifier l'analyse qui précède.

Le monnayage imprime aux espèces de cuivre une valeur fort supérieure à la valeur intrinsèque du métal; aussi, les espèces de cuivre ne s'exportent pas, et constituent une monnaie conventionnelle, qui n'a cours que sur le territoire national.

Le *frai* de la monnaie, ou la perte de poids que les espèces monnayées subissent par un long usage, est encore une circonstance qui influe sur les opérations de banque. On peut consulter, pour ces détails techniques, les ouvrages des auteurs qui ont approfondi la matière, et particulièrement le traité de Smith.

CHAPITRE IV.

De la loi du débit.

20. Pour asseoir les fondements de la théorie des valeurs échangeables, nous ne remonterons pas avec la plupart des écrivains spéculatifs jusqu'au berceau de l'espèce humaine ; nous n'entreprendrons d'expliquer ni l'origine de la propriété, ni celle de l'échange ou de la division du travail. Tout cela appartient sans doute à l'histoire de l'homme, mais n'est d'aucune influence sur une théorie qui ne peut devenir applicable qu'à une époque de civilisation très-avancée, à une époque où (pour parler le langage des géomètres) la part d'action des circonstances *initiales* est entièrement éteinte.

Nous n'invoquerons qu'un seul axiome, ou, si l'on veut, nous n'employerons qu'une seule hypothèse, savoir que chacun cherche à tirer de sa chose ou de son travail la plus grande valeur possible. Mais en déduisant les conséquences rationnelles de ce principe, nous essaierons de fixer mieux qu'on ne l'a fait les éléments, les données que l'observation seule peut fournir. Malheureusement, ce point fondamental est celui que les théoriciens se sont à peu près accordés à présenter, nous ne dirons pas d'une manière fausse, mais d'une manière qui n'offre réellement aucun sens.

« Le prix des choses, a-t-on dit d'une voix pres-

» que unanime, est en raison inverse de la quantité » offerte, et en raison directe de la quantité demandée. » Que l'on manque de moyens statistiques, pour évaluer numériquement avec exactitude, soit la quantité offerte, soit la quantité demandée, cela n'a jamais été mis en doute, et n'empêcherait pas qu'on ne pût tirer du principe des conséquences générales, susceptibles d'être utilement appliquées. Mais le principe même en quoi consiste-t-il? Veut-on dire que, dans le cas où une quantité double de la denrée est mise en vente, le prix baisse de moitié? Alors, il faudrait s'expliquer plus simplement, et se borner à dire que le prix est en raison inverse de la quantité offerte. Mais le principe, devenu par là intelligible, serait faux : car, en général, de ce qu'il s'est vendu 100 unités d'une denrée au prix de 20 francs, ce n'est pas une raison pour que, dans le même laps de temps et les mêmes circonstances, il s'en vende 200 unités au prix de 10 francs. Quelquefois il s'en débitera moins : souvent il s'en débitera bien davantage.

En outre, qu'entend-on par la quantité demandée? Ce n'est sans doute pas celle qui se débite effectivement sur la demande des acheteurs; car, alors il résulterait du prétendu principe la conséquence absurde en général qu'on débite d'autant plus d'une denrée qu'elle est plus chère. Si, par demande, on n'entend qu'un désir vague de posséder la chose, abstraction faite du *prix limité* que chaque demandeur sous-entend dans sa demande, il n'y a guère de denrée dont on ne puisse considérer la demande comme indéfinie; et, si l'on doit tenir compte du prix auquel chaque demandeur consent à acheter, du prix auquel chaque fournisseur consent à vendre, que signifie le prétendu principe? Ce n'est pas, nous le répétons, une proposition erronée, c'est une proposition dénuée de sens : aussi, tous ceux qui se sont accordés à la proclamer, se sont-ils accordés pareillement à n'en faire aucun usage. Essayons de nous rattacher à des principes moins stériles.

Une denrée est ordinairement d'autant plus demandée qu'elle est moins chère. Le débit ou la demande (car pour nous ces deux mots sont synonimes, et nous ne voyons pas sous quel rapport la théorie aurait à tenir compte d'une demande qui n'est pas suivie de débit), le débit ou la demande, disons-nous, croît en général quand le prix décroît.

Nous ajoutons, comme un correctif, ces mots *en général;* effectivement, il y a des objets de fantaisie et de luxe qui ne sont recherchés qu'en raison de leur rareté et de l'élévation de leur prix, qui en est la suite. Si l'on parvenait à opérer à peu de frais la cristallisation du carbone, et à livrer pour un franc le diamant qui en vaut mille aujourd'hui, il n'y aurait rien d'étonnant à ce que le diamant cessât de servir aux parures et d'être un objet de commerce. Dans ce cas, une baisse prodigieuse de prix anéantirait presque la demande. Mais les denrées de cette nature jouent un rôle si peu important dans l'économie sociale, que l'on peut se dispenser d'avoir égard à la restriction dont nous parlons.

La demande pourrait être en raison inverse du prix ; ordinairement, elle croît ou elle décroît dans une proportion beaucoup plus rapide : observation qui s'applique surtout au plus grand nombre des produits manufacturés. D'autres fois, au contraire, la variation de la demande est moins rapide ; ce qui paraît (chose singulière) s'appliquer également et aux choses les plus nécessaires, et aux choses les plus superflues. Le prix des violons, celui des lunettes astronomiques baisserait de moitié, que probablement la demande ne doublerait pas ; car cette demande est déterminée par le nombre de ceux qui cultivent l'art ou la science auxquels ces instruments se rapportent ; qui ont les dispositions requises, le loisir de les cultiver, le moyen de payer les maîtres et de faire les autres dépenses nécessaires, à la suite desquels le prix des instruments ne figure que comme un accessoire. Le bois de chauffage, qui est au contraire une denrée des plus utiles, pourrait doubler de prix, par suite des progrès du défrichement ou de l'accroissement de la population, probablement bien avant que la consommation annuelle de bois eût été réduite de moitié; un grand nombre de consommateurs étant disposés à retrancher sur les autres dépenses plutôt que de se passer de bois.

21. Admettons donc que le débit ou la demande annuelle D est, pour chaque denrée, une fonction particulière F (p) du prix p de cette denrée. Connaître la forme de cette fonction, ce serait connaître ce que nous appelons *la loi de la demande* ou du *débit*. Elle dépend évidemment du mode d'utilité de la chose, de la nature des services qu'elle peut rendre ou des jouissances qu'elle procure, des habitudes et des mœurs de chaque peuple, de la richesse moyenne et de l'échelle suivant laquelle la richesse est répartie.

Puisque tant de causes morales, et qu'on ne peut énumérer ni mesurer, influent sur la loi de la demande, il est clair qu'on ne doit pas s'attendre à ce que cette loi puisse être exprimée par une formule algébrique, pas plus que la loi de mortalité et que toutes celles dont la déterminatiun rentre dans le domaine de la statistique, de ce qu'on appelle également l'arithmétique sociale. Ce serait donc à l'observation à fournir les moyens de dresser entre des limites convenables une table des valeurs correspondantes de D et de p; après quoi l'on construirait, par les méthodes connues d'interpolation ou par les procédés graphiques, une formule empirique ou une courbe propres à représenter la fonction dont il s'agit; et l'on pourrait pousser la solution des problèmes jusqu'aux applications numériques.

Mais lors même que l'on n'atteindrait jamais ce but (à cause de la difficulté de se procurer des observations assez nombreuses et assez exactes, et aussi à cause des variations progressives que doit éprouver la loi de la demande, dans un pays qui n'est point encore arrivé à un état sensiblement stationnaire), il ne serait pas moins à propos d'introduire, au moyen d'un signe indéterminé, la loi inconnue de la demande, dans les combinaisons analytiques : car on sait que l'une des fonctions les plus importantes de l'analyse consiste précisément à assigner des relations déterminées entre des quantités dont les valeurs numériques et même les formes algébriques sont absolument inassignables.

D'une part, des fonctions inconnues peuvent cependant jouir de propriétés ou de caractères généraux qui sont connus, par exemple d'être indéfiniment croissantes ou décroissantes, ou d'être périodiques, ou de n'être réelles qu'entre de certaines limites. De semblables données, quelqu'imparfaites qu'elles paraissent, peuvent toutefois, en raison de leur généralité même, et à l'aide des signes propres à l'analyse, conduire à des relations également générales, qu'on aurait difficilement découvertes sans ce secours. C'est ainsi que, sans connaître la loi de décroissement des forces capillaires, et en partant du seul principe que ces forces sont insensibles à des distances sensibles, les géomètres ont démontré les lois générales des phénomènes de la capillarité, lois confirmées par l'observation.

D'autre part, l'analyse, en faisant voir quelles relations déterminées subsistent entre des quantités inconnues, réduit les inconnues au plus petit nombre possible, et guide l'observateur dans le choix des observations les plus propres à en faire découvrir les valeurs. Elle réduit et coordonne les documents statistiques ; elle diminue en même temps qu'elle éclaire les travaux des statisticiens.

Par exemple, on ne peut point assigner à *priori* de forme algébrique à la loi de mortalité ; on ne peut pas assigner davantage la forme de la fonction qui exprime la répartition de la population suivant les âges, dans une population stationnaire; mais ces deux fonctions sont liées l'une à l'autre par une relation fort simple; tellement que, dès que les observations statistiques auront permis de construire une table de mortalité, on pourra, sans recourir à des observations nouvelles, déduire très-simplement de cette table celle qui exprime la proportion des divers âges au sein d'une population stationnaire, ou même au sein d'une population pour laquelle on connaît l'excès annuel des naissances sur les décès [1].

Qui doute que, dans la statistique de l'économie sociale, il n'y ait une foule de chiffres ainsi liés les uns aux autres par des rapports assignables, d'après lesquels on pourrait choisir le chiffre le plus facile à déterminer empiriquement, pour en déduire ensuite théoriquement tous les autres?

22. Nous admettrons que la fonction F (p) qui

[1] L'Annuaire du Bureau des Longitudes contient ces deux tables, la seconde déduite de la première comme on vient de le dire, et calculée dans l'hypothèse d'une population stationnaire.

L'ouvrage de Duvillard, intitulé *De l'influence de la petite vérole sur la mortalité,* contient beaucoup de beaux exemples de liaisons mathématiques entre des fonctions essentiellement empiriques.

exprime la loi de la demande ou du débit est une fonction *continue*, c'est-à-dire une fonction qui ne passe pas soudainement d'une valeur à une autre, mais qui prend dans l'intervalle toutes les valeurs intermédiaires. Il en pourrait être autrement si le nombre des consommateurs était très-limité : ainsi, dans tel ménage, on pourra consommer précisément la même quantité de bois de chauffage, que le bois soit à 10 francs ou à 15 francs le stère ; et l'on pourra réduire brusquement la consommation d'une quantité notable, si le prix du stère vient à dépasser cette dernière somme. Mais plus le marché s'étendra, plus les combinaisons des besoins, des fortunes ou même des caprices, seront variées parmi les consommateurs, plus la fonction $F(p)$ approchera de varier avec p d'une manière continue. Si petite que soit la variation de p, il se trouvera des consommateurs placés dans une position telle que le léger mouvement de hausse ou de baisse imprimé à la denrée influera sur leur consommation, les engagera à s'imposer quelques privations, ou à réduire leurs exploitations industrielles, ou à substituer une autre denrée à la denrée renchérie, par exemple, la houille au bois, ou l'anthracite à la houille. C'est ainsi que le thermomètre de la bourse accuse, par de très-petites variations du cours, les variations les plus fugitives dans l'appréciation des chances auxquelles les fonds publics sont sujets, variations qui ne sont point une raison suffisante de vendre ni d'acheter pour la plupart de ceux qui ont leur fortune engagée dans les fonds publics.

Si la fonction F (p) est continue, elle jouira de la propriété commune à toutes les fonctions de cette nature, et sur laquelle reposent tant d'applications importantes de l'analyse mathématique : *les variations de la demande seront sensiblement proportionnelles aux variations du prix, tant que celles-ci seront de petites fractions du prix originaire.* D'ailleurs, ces variations seront de signes contraires, c'est-à-dire qu'à une augmentation de prix correspondra une diminution de la demande.

Supposons que, dans un pays comme la France, la consommation de sucre soit de 100 millions de kilogrammes, quand le prix est de 2 fr. le kilogramme, et qu'on l'ait vue s'abaisser à 99 millions de kilogrammes, quand le prix s'est élevé à 2 fr. 10 cent. On pourra, sans erreur notable, évaluer à 98 millions de kilogrammes la consommation qui correspondrait au prix de 2 fr. 20 cent., et à 101 millions de kilogrammes la consommation correspondante au prix de 1 fr. 90 cent. On conçoit combien ce principe, qui n'est que la conséquence mathématique de la continuité des fonctions, peut faciliter les applications de la théorie, soit en simplifiant les expressions analytiques des lois qui régissent le mouvement des valeurs, soit en réduisant le nombre des données qu'il faudra emprunter à l'expérience, si la théorie devient assez avancée pour se prêter à des déterminations numériques.

N'oublions pas d'observer que le principe énoncé ci-dessus peut à la rigueur admettre des exceptions, par la raison qu'une fonction continue peut, en quelques points de son cours, éprouver des solutions de continuité; mais, de même que le frottement use les aspérités et adoucit les contours, ainsi la triture du commerce tend à supprimer ces cas exceptionnels, en même temps que le mécanisme commercial modère les variations dans les prix et tend à les maintenir entre des limites qui facilitent l'application de la théorie.

23. Pour définir avec exactitude la quantité D, ou la fonction F (p) qui en est l'expression, nous avons admis que D représentait la quantité débitée *annuellement*, dans l'étendue du pays ou du marché [1] que l'on considère. En effet, l'année est l'unité naturelle du temps, surtout quand il s'agit de recherches qui ont trait à l'économie sociale. C'est dans cette période que se reproduisent tous les besoins de l'homme, toutes les ressources qu'il tire de la nature et de son travail. Cependant, le prix d'une denrée peut varier notablement dans le cours d'une année, et, à la rigueur, la loi de la demande peut varier aussi dans le même intervalle, si le pays éprouve un mouvement rapide de progrès ou de décadence. En conséquence, il faut, pour plus d'exactitude, concevoir que dans l'expression F (p), p désigne le prix moyen annuel, et que la courbe qui représente la fonction F est elle-même

[1] On sait que les économistes entendent par *marché*, non pas un lieu déterminé où se consomment les achats et les ventes, mais tout un territoire dont les parties sont unies par des rapports de libre commerce, en sorte que les prix s'y nivellent avec facilité et promptitude.

une moyenne entre toutes celles qui représenteraient la fonction à diverses époques de l'année. Mais, au reste, cette extrême précision ne deviendrait nécessaire que si l'on pouvait se proposer de passer à des applications numériques, et elle demeure superflue dans les recherches qui n'ont pour objet que d'obtenir une expression générale des résultats moyens, indépendants des oscillations périodiques.

24. Puisque la fonction $F(p)$ est continue, la fonction $pF(p)$, qui exprime la valeur totale de la quantité débitée annuellement le sera aussi. Cette fonction deviendrait nulle si p était nul, puisque la consommation d'une denrée reste toujours finie, même dans l'hypothèse d'une absolue gratuité ; ou, en d'autres termes, on peut toujours assigner par la pensée au nombre p une valeur assez petite pour que le produit $pF(p)$ soit sensiblement nul. La fonction $pF(p)$ s'évanouit encore quand p devient infini, ou en d'autres termes on peut toujours assigner par la pensée au nombre p une valeur assez grande pour que la denrée cesse d'être demandée et produite à ce prix. Donc, puisque la fonction $pF(p)$ va d'abord en croissant avec p, puis finalement en décroissant, il y a une valeur de p qui la rend un maximum, et qui est donnée par l'équation

$$(1) \qquad F(p) + pF'(p) = o ,$$

F' désignant, suivant la notation de Lagrange, le coefficient différentiel de la fonction F.

Si l'on trace la courbe *anb* (fig. 1) dont les abscisses *oq* et les ordonnées *qn* représentent les variables p et D, la racine de l'équation (1) sera l'abscisse du point n pour lequel le triangle *ont*, formé par la tangente *nt* et par le rayon vecteur *on*, est isoscèle, de sorte qu'on a $oq = qt$.

Or, en admettant qu'il soit impossible de déterminer empiriquement pour chaque denrée la fonction $F(p)$, il s'en faut bien que les mêmes obstacles s'opposent à la détermination approximative de la valeur de p qui satisfait à l'équation (1) ou qui rend le produit $pF(p)$ un maximum. La construction d'une table où l'on trouverait ces valeurs serait le travail le plus propre à préparer la solution pratique et rigoureuse des questions qui se rattachent à la théorie des richesses.

Mais, lors même que l'on ne pourrait pas tirer des documents statistiques la valeur de p propre à rendre le produit $pF(p)$ un maximum, il serait facile de savoir, au moins pour toutes les denrées auxquelles on a essayé d'étendre la statistique commerciale, si le prix courant tombe en-deçà ou au-delà de cette valeur. Supposons que le prix étant devenu $p + \Delta p$, la consommation annuelle, accusée par des documents statistiques tels que les registres des douanes, soit devenue $D - \Delta D$, selon que l'on aura

$$\frac{\Delta D}{\Delta p} < \frac{D}{p}, \text{ ou } \frac{\Delta D}{\Delta p} > \frac{D}{p},$$

l'accroissement de prix Δp fera augmenter ou diminuer le produit p F (p) ; et l'on saura conséquemment si les deux valeurs p , $p \Delta + p$ (Δp étant censé une petite fraction de p) tombent en-deçà ou au-delà de la valeur qui porte au maximum le produit en question.

On devra donc demander d'abord à la statistique commerciale de distribuer les denrées d'une haute importance économique en deux catégories, selon que leurs prix courants restent inférieurs ou supérieurs à la valeur productrice du maximum de p F(p). Nous verrons que beaucoup de problêmes économiques comportent des solutions différentes, selon que la denrée dont il s'agit appartient à l'une ou à l'autre de ces deux catégories.

25. On sait, par la théorie des maxima et minima, que l'équation (1) convient aux valeurs de p qui rendent p F (p) un minimum, comme à celles qui rendent ce produit un maximum. Le raisonnement employé au commencement de l'article précédent montre bien que la fonction p F (p) a nécessairement un maximum, mais elle pourrait en avoir plusieurs et passer dans l'intervalle par des valeurs minima. La racine de l'équation (1) correspond à un maximum ou à un minimum selon que l'on a

$$2\,F'(p) + p\,F''(p) < \text{ ou } > o ,$$

ou bien , en substituant pour p sa valeur, et en ayant

égard au signe essentiellement négatif de $F'(p)$,

$$2\,[F'(p)]^2 - F(p)\,.\,F''(p) > \text{ ou } < o\,.$$

Par conséquent, lorsque $F''(p)$ est négatif, ou lorsque la courbe $D = F(p)$ tourne sa concavité du côté de l'axe des abscisses, il est impossible qu'il y ait un minimum, ni plus d'un maximum. Dans le cas contraire, l'existence de plusieurs minima et de plusieurs maxima n'est pas démontrée impossible.

Mais si l'on cesse d'envisager la question sous un point de vue purement abstrait, on reconnaît promptement combien il est peu probable que dans l'intervalle des limites entre lesquelles peut osciller la valeur de p, la fonction $p\,F(p)$ passe par plusieurs maxima et par des minima intermédiaires; et, comme nous pouvons nous dispenser d'avoir égard aux maxima, s'il en existe, qui tombent hors de ces limites, toutes les questions sont les mêmes que si la fonction $p\,F(p)$ n'admettait qu'un seul maximum. Il s'agit toujours essentiellement de savoir si, dans l'étendue des limites entre lesquelles p peut osciller, la fonction $p\,F(p)$ est croissante ou décroissante pour des valeurs croissantes de p.

On doit, dans toute exposition, procéder du simple au composé : l'hypothèse la plus simple, quand on se propose de rechercher d'après quelles lois les prix s'établissent, est celle du monopole, en prenant ce mot dans le sens le plus absolu, ce qui suppose que la production de la denrée est dans une seule main. Cette hypothèse n'est pas purement fictive; elle se réalise dans certains cas ; et d'ailleurs, après que nous l'aurons étudiée, nous pourrons analyser avec plus de précision les effets de la concurrence des producteurs.

CHAPITRE V.

Du monopole.

26. Supposons, pour la commodité du langage, qu'un homme se trouve propriétaire d'une source minérale, à laquelle on vient de reconnaître des propriétés salutaires qu'aucune autre ne possède. Il pourrait sans doute fixer à 100 francs le prix du *litre* de cette eau ; mais il s'apercevrait bien vite, à la rareté des demandes, que ce n'est pas le moyen de tirer grand parti de sa propriété. Il abaissera donc successivement le prix du litre jusqu'au terme qui lui donnera le plus grand profit possible ; c'est-à-dire que, si $F(p)$ désigne la loi de la demande, il finira, après divers tâtonnements, par adopter la valeur de p qui rend le produit $p\,F(p)$ un maximum, ou qui est déterminée par l'équation

$$(1) \qquad F(p) + p\,F'(p) = o .$$

Le produit

$$p\,F(p) = \frac{[F(p)]^2}{-F'(p)}$$

sera la rente annuelle du propriétaire de la source, et cette rente ne dépendra que de la nature de la fonction F.

Pour que l'équation (1) soit applicable, il faut admettre qu'à la valeur de p qui s'en déduit, correspond une valeur de D que peut livrer annuellement le propriétaire de la source, ou qui n'excède pas le produit annuel de cette source. S'il en était autrement, le propriétaire ne pourrait, sans se porter dommage, abaisser le prix du litre autant qu'il serait de son intérêt de le faire, dans le cas d'une abondance plus grande. La source produisant annuellement un nombre de litres exprimé par Δ, si l'on tire p de la relation $F(p)=\Delta$, on aura nécessairement le prix du litre tel qu'il doit s'établir définitivement par suite de la concurrence des acheteurs.

27. Dans l'exemple choisi pour type, comme le plus simple de tous, le producteur n'a à supporter aucuns frais de production, ou ses frais peuvent être considérés comme insensibles. Passons à celui d'un homme qui posséderait le secret d'une préparation pharmaceutique, d'une eau minérale artificielle, pour laquelle il faudrait payer les matières premières et la main d'œuvre. Ce ne sera plus la fonction $pF(p)$, ou le *produit brut* annuel, que le producteur devra s'efforcer de porter à sa valeur *maximum*, mais le *produit net*, ou la fonction $pF(p)-\varphi(D)$, $\varphi(D)$ désignant les frais qu'exige la fabrication d'un nombre de litres égal à D. Puisque D est lié à p par la relation $D=F(p)$, la fonction complexe $pF(p)-\varphi(D)$ peut être considérée comme dépendant implicitement de la seule variable p, quoique en général les frais de production soient une fonction explicite, non du prix de la denrée produite, mais de la quantité produite. En conséquence, le prix p auquel le producteur doit porter la denrée, sera déterminé par l'équation

$$(2) \qquad D + \frac{dD}{dp}\left[p - \frac{d\,.\,\varphi(D)}{dD}\right] = o\,.$$

Ce prix déterminera à son tour le produit net annuel ou le revenu de l'inventeur, la valeur capitale de son secret ou de son *fonds productif*, dont la propriété, aussi bien que celle d'un fonds de terre ou d'un meuble corporel, est garantie par les lois et peut circuler dans le commerce. Si cette valeur est nulle ou sensiblement nulle, le propriétaire du fonds productif n'en retirera aucun profit pécuniaire ; il l'abandonnera sans rétribution, ou pour une rétribution minime, au premier exploitateur. Le prix du litre ne représentera que les valeurs des matières premières, les salaires ou profits des agents qui ont concouru à le fabriquer et à en procurer la vente, avec l'intérêt des capitaux nécessaires à l'exploitation.

28. Les termes de notre exemple s'opposent à ce qu'on admette, dans ce cas, une limitation des forces productives, par suite de laquelle le producteur ne pourrait abaisser le prix au taux qui, d'après la loi de la demande, donnerait le produit net *maximum*,

Mais, dans une foule d'autres cas, une limitation semblable peut avoir lieu, et si Δ exprime la limite que la production ou la demande ne peuvent pas dépasser, le prix sera déterminé par la relation $F(p) = \Delta$, comme s'il n'y avait pas de frais de production. Ces frais ne sont alors nullement supportés par les consommateurs ; ils diminuent seulement le revenu du producteur. Ils pèsent, non pas précisément sur le propriétaire (qui, à moins d'être inventeur au premier occupant, ce qui rentre dans les circonstances initiales dont la théorie n'a point à s'occupper, a acquis, par lui ou par ses auteurs, la propriété en raison du revenu), mais sur la propriété même. Une diminution dans les frais ne tournera qu'au profit du producteur, tant qu'il n'en résultera pas pour lui la faculté de produire davantage.

29. Revenons au cas où cette faculté lui est acquise, et où le prix p est déterminé en conséquence de l'équation (2).

Nous observerons que le coefficient $\frac{d.\varphi(D)}{dD}$, qui peut d'ailleurs croître ou décroître quand D augmente, doit être supposé positif, car il serait absurde que les frais *absolus* de production décrussent quand la production s'accroît. Nous ferons remarquer aussi que l'on a nécessairement $p > \frac{d.\varphi(D)}{dD}$, car dD étant l'accroissement de la production, $d.\varphi(D)$ est l'accroissement des frais, $p\,dD$ est l'accroissement du produit brut ; et, quelle que soit l'abondance de la source productrice, le producteur s'arrêtera toujours quand l'accroissement de dépense surpassera l'accroissement de produit. C'est aussi ce qui résulte surabondamment de la forme de l'équation (2), attendu que D est toujours une quantité positive, et $\frac{dD}{dp}$ une quantité négative.

Dans la suite de nos recherches, nous aurons rarement occasion de considérer directement la fonction $\varphi(D)$, mais seulement son coefficient différentiel $\frac{d\varphi(D)}{dD}$ que nous désignerons par la caractéristique $\varphi'(D)$. Ce coefficient différentiel est une nouvelle fonction de D, dont la forme exerce la plus grande influence sur la solution des principaux problèmes de la science économique.

La fonction $\varphi'(D)$ est, selon la nature des forces productrices et des denrées produites, susceptible de croître ou de décroître quand D augmente.

Pour ce qu'on appelle proprement *produits manufacturés*, il arrive d'ordinaire que les frais sont proportionnellement moindres quand la production s'accroît, ou, en d'autres termes, que D croissant, $\varphi'(D)$ est une fonction décroissante. Ceci tient à une organisation plus avantageuse du travail, à des remises sur les prix des matières premières, lorsqu'on les achète en gros, enfin à l'atténuation de ce que les producteurs appellent *les frais généraux*. Il peut cependant arriver, même dans l'exploitation des produits de cette nature, que l'exploitation poussée au-delà de certaines limites, provoque le renchérissement des matières premières et de la main-d'œuvre, au point que la fonction $\varphi'(D)$ redevienne croissante avec D.

Quand il s'agit de l'exploitation des terres arables, des mines, des carrières, de la richesse éminemment foncière, la fonction $\varphi'(D)$ est croissante avec D; et c'est, comme nous ne tarderons pas à le voir, en raison de cette seule circonstance, que les terres, les mines, les carrières donnent un revenu net à leurs propriétaires, bien avant qu'on n'ait tiré du sol tout ce qu'il peut physiquement produire, et nonobstant la grande division de ces propriétés, qui établit entre les producteurs une concurrence que l'on peut regarder comme indéfinie. Au contraire, les fonds productifs, placés dans des circonstances telles que, D croissant, $\varphi'(D)$ décroisse, ne peuvent donner un revenu net ou un *fermage* que dans le cas d'un monopole proprement dit, ou d'une concurrence assez bornée pour que les effets d'un monopole exercé collectivement soient encore sensibles.

30. Entre les deux cas où la fonction $\varphi'(D)$ est croissante et décroissante, vient naturellement se placer celui où cette fonction se réduit à une constante, les frais étant constamment proportionnels à la production, et l'équation (2) prenant la forme

$$D+\frac{dD}{dp}(p-g)=o\ .$$

Il faut encore signaler le cas où $\varphi(D)$ est constant;

et φ' nul, en sorte que le prix est le même que si les frais n'existaient pas. Ce cas est plus fréquent qu'on ne le soupçonnerait au premier aperçu, surtout lorsqu'il s'agit d'exploitation en monopole, et qu'on donne à la valeur du nombre D l'extension qu'elle comporte. Pour une entreprise théâtrale, par exemple, D exprime le nombre des billets placés, et les frais de l'entreprise restent sensiblement les mêmes, quelle que soit l'affluence des spectateurs. Pour le péage d'un pont, qui est un autre fonds productif en monopole, D exprime le nombre des passagers; et les frais d'entretien, de garde, de comptabilité resteront les mêmes, que le passage soit plus ou moins fréquenté. En pareil cas, la constante g s'évanouit, l'équation (2) se confond avec l'équation (1), et le prix p est déterminé de la même manière que si les frais n'existaient pas.

31. Il est fort naturel d'admettre que, quand les frais de production s'accroissent, le prix fixé par le monopoleur, en conséquence de l'équation (2), s'accroît pareillement : cependant, en y réfléchissant, on verra qu'une proposition si importante a besoin d'être appuyée d'une démonstration raisonnée; et, de plus, cette démonstration nous conduira à une remarque également importante, que le calcul seul peut établir d'une manière incontestable.

Soit donc p_0 la racine de l'équation (2), que nous mettrons sous la forme

$$(3) \quad F(p)+F'(p)\left[p-\psi(p)\right]=o\ ,$$

à cause que $\varphi'(D) = \varphi'[F(p)]$ peut être plus simplement remplacé par la caractéristique $\psi(p)$; et supposons que la fonction $\psi(p)$ venant à varier d'une quantité u, et devenant $\psi(p) + u$, p devienne $p_o + \delta$. Si l'on néglige les carrés et les puissances supérieures des variations u, δ, l'équation (3) établira entre ces deux variations la relation suivante :

$$(4) \quad \left\{ F'(p_o)\left[2 - \psi'(p_o)\right] + F''(p_o)\left[p_o - \psi(p_o)\right] \right\} \delta - u\, F'(p_o) = o \ ;$$

le coefficient de δ dans cette relation étant la dérivée par rapport à p du premier membre de l'équation (3), dans laquelle dérivée on a donné à p la valeur p_o.

Or, ce coefficient de δ est nécessairement négatif, d'après la théorie connue des maxima et minima, puisque, s'il était positif, la racine p_o de l'équation (3) correspondrait au minimum de la fonction $p\,F(p) - \varphi(D)$, et non pas, comme cela doit être, au maximum de cette même fonction. D'un autre côté, $F'(p)$ est une quantité négative de sa nature. Donc, la variation δ est généralement de même signe que la variation u.

32. Ce résultat se trouve ainsi démontré, à la faveur de la supposition que les variations u, δ, sont des nombres très-petits, dont il est permis de négliger sans erreur sensible les carrés et les produits ; mais on peut, moyennant un raisonnement bien simple, s'affranchir de cette restriction. En effet, quel que soit l'accroissement de frais désigné par u, on peut supposer que la fonction $\psi(p)$ passe de la valeur $\psi(p)$ à la valeur $\psi(p)+u$ par une suite d'incréments très petits et de même signe u_1, u_2, u_3, etc. En même temps, p passera de la valeur p_o à la valeur $p_o+\delta$, par une suite d'incréments correspondants et également très petits, δ_1, δ_2, δ_3, etc.; δ_1 sera (d'après ce qui précède) de même signe que u_1, δ_2 de même signe que u_2, et ainsi de suite : donc

$$\delta = \delta_1 + \delta_2 + \delta_3 + \text{etc.}$$

sera de même signe que

$$u = u_1 + u_2 + u_3 + \text{etc.}$$

On doit remarquer ce tour de démonstration auquel nous aurons souvent occasion de recourir.

33. On tire de l'équation (4) :

$$\frac{\delta}{u} = \frac{F'(p_o)}{F'(p_o)\left[2-\psi'(p_o)\right]+F''(p_o)\left[p_o-\psi(p_o)\right]},$$

et, puisque la fraction composant le second membre a ses deux termes négatifs, on en conclut que δ sera numériquement $>$ ou $<$ u, selon qu'on aura :

$$-F'(p_o) \gtrless -F'(p_o)\left[2-\psi'(p_o)\right]-F''(p_o)\left[p_o-\psi(p_o)\right],$$

ou $$F'(p_o)\left[1-\psi'(p_o)\right]+F''(p_o)\left[p_o-\psi(p_o)\right] \gtrless o,$$

condition qui peut encore se remplacer par

$$\left[F'(p_o)\right]^2 \left[1 - \psi'(p_o)\right] - F(p_o) \cdot F''(p_o) \lesseqgtr o,$$

en ayant égard à la valeur de $p_o - \psi(p_o)$, déduite de l'équation (3).

34. Prenons un exemple fictif pour rendre ceci plus sensible par des applications numériques. Supposons que la fonction $\varphi'(D)$ soit d'abord nulle, et qu'ensuite elle se réduise à une constante g. La première valeur de p, ou p_o, sera donnée par l'équation

$$F(p) + p\,F'(p) = o\,;$$

la seconde valeur de p, que nous appellerons p', sera donnée par une autre équation

$$(5) \qquad F(p) + (p - g)\,F'(p) = o\,.$$

Supposons, en premier lieu, $F(p) = \frac{a}{b + p^2}$; les valeurs de p_o, p', d'après les équations précédentes, seront respectivement :

$$p_o = \sqrt{b},\ p' = g + \sqrt{b + g^2},\ = g + \sqrt{p_o^2 + g^2},$$

(la racine de l'équation (5), qui donnerait pour p' une valeur négative, devant nécessairement être exclue). Dans ce cas, on voit que l'excès de p' sur p_o est supérieur à g, ou au montant des nouveaux frais imposés à la production. Si, par exemple, les nouveaux frais sont un dixième du prix primitif, ou si $g = \frac{1}{10} p_o$, on aura $p' = p_o \,.\, 1,1488$; le renchérissement sera, à très peu près, d'un dixième et demi ; l'ancien prix étant de 20 francs, et les frais de 2 francs, le nouveau prix sera 23 francs, ou, plus exactement, 22 fr. 97 cent.

Supposons, en second lieu, $F(p)=\frac{a}{b+p^3}$, on aura

$$p_0=\sqrt[3]{\frac{b}{2}}\ ;$$

et l'équation (5) devenant

$$2\,p^3-3\,g\,p^2-b=o\ ,$$

ou $$p^3-\frac{3}{2}\,g\,p^2-p_0^{\,3}=o\ ,$$

donnera par la méthode ordinaire de résolution :

$$p'=\frac{1}{2}\left\{g+\sqrt{g^3+4p_0^{\,3}+2\sqrt{2p_0^{\,3}(g^3+2p_0^{\,3})}}+\sqrt{g^3+4p_0^{\,3}-2\sqrt{2p_0^{\,3}(g^3+2p_0^{\,3})}}\right\}.$$

Dans ce cas, l'excès de p' sur p_0 sera inférieur à g. Si $g=\frac{1}{10}p_0$, on aura $p'=p_0 .\ 1{,}0505$. Ainsi, les nouveaux frais étant le dixième du prix primitif, le renchérissement ne sera guère qu'un demi-dixième de ce prix. L'ancien prix étant de 20 francs, et les frais ajoutés de 2 francs, le nouveau prix sera seulement de 21 francs, ou, plus exactement, de 21 fr. 01 cent.

35. Le résultat auquel nous venons d'arriver est digne d'attention : il nous fait voir que, selon la forme de la fonction $F(p)$, ou selon la loi du débit, une augmentation dans les frais de production fait renchérir la denrée soumise à un monopole, d'une quantité qui peut être, tantôt de beaucoup supérieure, tantôt de beaucoup inférieure à cet accroissement de frais; et qu'il n'y a pas davantage d'égalité entre la réduction des frais et la baisse de la denrée.

De là il résulte que si les nouveaux frais n'étaient point acquittés par le producteur lui-même, mais par le consommateur, ou par un agent intermédiaire qui s'en rembourserait sur le consommateur, cet accroissement de frais qui renchérirait toujours la denrée pour le consommateur, et qui diminuerait toujours le revenu net du producteur, pourrait, selon les cas, produire une hausse ou une baisse dans le prix payé au producteur.

Réciproquement, une diminution dans les frais de *transmission*, ou dans ceux qui font passer la denrée des mains du producteur en celles du consommateur, pourra avoir pour effet d'opérer, tantôt la baisse, tantôt la hausse du prix payé au producteur; mais, dans tous les cas, elle fera baisser le prix définitif supporté par le consommateur, et elle déterminera une augmentation dans le revenu net du producteur.

Il faut assimiler, sous ce rapport, aux frais de transmission, tous ceux qui ont pour objet d'approprier à la consommation immédiate, la denrée sortie brute des mains du producteur.

Au surplus, le calcul précédent n'est applicable que dans le cas où le producteur peut fournir à la demande qui lui donne le plus grand produit net, et abaisser son prix autant qu'il est nécessaire pour atteindre ce produit maximum. Dans le cas contraire, il produira tout ce qu'il peut produire, avant comme après la variation survenue dans les frais, soit de production, soit de transmission, et le prix de revient pour le consommateur restera invariable, parce qu'il ne peut pas y avoir dans une ordre de chose stable, et sur une grande échelle, deux prix différents pour une même quantité débitée. L'accroissement dans les frais, de quelque nature qu'ils soient, devra donc en définitive être supporté intégralement par le producteur.

CHAPITRE VI.

De l'influence de l'impôt sur les denrées dont la production est en monopole.

36. Les considérations développées à la fin du chapitre précédent s'appliquent naturellement à la théorie de l'impôt. Les charges de l'impôt constituent des frais, pour ainsi dire artificiels, assis d'après un plan plus ou moins systématique, dont il est toujours au pouvoir du législateur de fixer, sinon la quotité, du moins la répartition; et dont, par conséquent, la théorie est en grande partie le but des recherches qui se rattachent à l'économie politique.

Les formes de l'impôt peuvent varier beaucoup : à l'époque où les affaires publiques se traitaient dans le secret, on regardait comme un grand art de savoir diversifier ces formes, de manière, pensait-on, à multiplier les ressources du fisc, sans faire trop apercevoir ses exigences. On a voulu ensuite, d'après une théorie mal entendue, rendre l'impôt aussi uniforme que possible; et la législation financière qui régit aujourd'hui la France, s'éloignant également de ces deux extrêmes, a reconnu des formes d'impôt essentiellement distinctes, mais en nombre assez limité, qu'elle a classées, d'après des vues de pratique plutôt que de théorie, en deux catégories principales, les impôts *directs* et les impôts *indirects*. La contribution établie d'après le revenu net présumé d'un propriétaire ou d'un producteur, est un impôt direct; la taxe qui frappe une denrée avant qu'elle n'arrive entre les mains du consommateur, est un impôt indirect; et nous ne nous proposons de parler que de ces deux sortes d'impôts. On ne doit pas perdre de vue qu'il ne s'agit encore, dans ce chapitre, que des denrées dont la production est assujettie à un monopole.

Si donc le producteur monopoleur est frappé d'un impôt ou fixe, ou proportionnel à son revenu net, il est évident, d'après les explications données dans les deux précédents chapitres, que cet impôt n'a aucune influence directe sur le prix de la denrée, ni par conséquent sur la quantité produite, et qu'il ne pèse en aucune façon sur le consommateur. Il a seulement pour résultat immédiat de diminuer la rente et la richesse capitale du producteur.

On peut même dire que cet impôt ne fait tort qu'aux premiers possesseurs, aux inventeurs et en général à ceux qui jouissaient du fonds productif au moment de l'établissement de l'impôt, et à leurs successeurs à titre gratuit. Car les successeurs à titre onéreux règlent leur prix d'acquisition sur le produit net, défalcation faite de l'impôt; et, si le fonds vient à être dégrevé entre leurs mains, c'est pour eux une véritable épave.

Cet impôt, quoiqu'il n'atteigne pas les consommateurs, peut être néanmoins très préjudiciable à l'intérêt général; non pas principalement parce qu'en restreignant la richesse du producteur imposé, il restreint ses moyens de consommation, et influe sur la loi du débit des autres denrées; mais surtout parce que la portion prélevée par l'impôt sur le revenu du producteur est employée ordinairement d'une manière moins profitable à l'accroissement du produit annuel, de la richesse nationale, et du bien-être de la population, que si elle fût restée à la disposition du producteur lui-même. Nous n'examinons point ici les effets d'un tel prélèvement sur la répartition des produits de la nature et du travail, quoique sans doute ce soit là l'objet final des problèmes qui se rattachent à la théorie des richesses.

Mais ce que nous pouvons remarquer avec tous les auteurs, c'est que l'impôt sur le revenu du producteur, s'il n'empêche pas les fonds productifs de produire ce qu'ils produisaient avant l'impôt, est un obstacle à la création de nouveaux fonds productifs, ou même à l'amélioration des fonds productifs existants, s'il s'agit d'un impôt proportionnel. Personne n'emploiera ses capitaux à la création de nouveaux fonds productifs ou à l'amélioration des fonds existants, si, en raison de l'impôt dont se trouvera frappé le produit net de ces capitaux, il ne retire plus l'intérêt ordinaire affecté aux capitaux engagés dans des entreprises du même genre. C'est en fermant un emploi au travail, à l'industrie, qu'un tel impôt, lorsqu'il est exagéré, agit de la manière la plus désastreuse.

La *prime*, invention des temps modernes, est l'opposé de l'impôt : c'est, pour parler le langage algébrique, un impôt négatif ; en sorte que les mêmes formules d'analyse doivent s'appliquer à l'impôt et à la prime. Mais, à la différence de l'impôt, la prime est assise sur le produit brut : on n'a jamais songé à accorder une prime au produit net ; de sorte que ce n'est vraiment que pour ordre que nous mentionnons ici la prime, à l'occasion de l'impôt assis sur le revenu ou sur le produit net.

37. L'impôt peut consister, et consiste le plus souvent en une taxe fixe perçue sur chaque unité de la denrée, ou dont le produit est proportionnel à D. Ses effets sont les mêmes que si la fonction $\varphi'(D)$ se trouvait accrue d'une constante i. Il en résultera toujours un renchérissement de la denrée pour le consommateur, et un décroissement de consommation ou de production ; mais le renchérissement pourra être, selon les circonstances, moindre ou plus grand que i. Les effets absolus de l'impôt, tant pour le producteur que pour les consommateurs, seront les mêmes, en quelque mains que se fasse la perception de l'impôt, à quelque époque que le fisc atteigne la denrée ; les effets apparents varieront seuls selon que le producteur avancera ou n'avancera pas l'impôt ; c'est-à-dire que, s'il en fait l'avance, le prix de la denrée, au moment où elle sort de ses mains, haussera toujours par l'impôt, et que, dans le cas contraire, il pourra tantôt hausser, tantôt baisser.

Toutefois, quand nous disons que les effets absolus de l'impôt sont les mêmes, que le producteur en fasse ou n'en fasse pas l'avance, nous entendons restreindre cette proposition au cas où l'on se borne à considérer le principal de l'impôt, et où l'on néglige les charges additionnelles provenant de l'intérêt de ce principal. Lorsque la denrée doit passer par beaucoup de mains avant d'arriver aux consommateurs, chacun des agens intermédiaires devant employer plus de fonds, si la marchandise a déjà payé son tribut, il est clair que la denrée sera vendue d'autant plus cher aux consommateurs que l'impôt aura été plus prématurément perçu; et que la consommation sera d'autant plus réduite. Il importe donc, soit aux consommateurs, soit au producteur, soit même au fisc, que l'impôt soit payé tardivement, et, s'il est possible, par le consommateur lui-même; quoique d'un autre côté la perception de l'impôt devienne plus coûteuse en devenant plus détaillée, et qu'elle excite davantage les réclamations du plus grand nombre, c'est-à-dire des consommateurs, parce que l'action du fisc est pour eux plus manifeste.

38. Appelons p_0 le prix de la denrée avant la taxe, p' le prix qui suit l'établissement de la taxe; p_0 sera la racine de l'équation

$$F(p)+\left[p-\psi(p)\right]F'(p)=o\ ;$$

p' celle de l'équation

$$F(p)+\left[p-\psi(p)-\iota\right]F'(p)=o\ .$$

On aura, avec une approximation d'autant plus grande, que i sera plus petit relativement à p_0 :

$$p' - p_0 = \frac{i\,F'(p_0)}{F'(p_0)\left[2 - \psi'(p_0)\right] - F(p_0)\,.\,F''(p_0)}\,.$$

La perte pécuniaire supportée par les consommateurs qui continuent d'acheter la denrée malgré le renchérissement, sera

$$(p' - p_0)\,F(p')\;;$$

le profit *brut* du fisc sera

$$i\,F(p')\;;$$

en sorte que la perte des consommateurs excédera à elle seule ce profit brut, dans tous les cas où l'on aura

$$p' - p_0 > i\;;$$

c'est-à-dire dans les mêmes cas où l'assiette de l'impôt ferait baisser le prix entre les mains du producteur, à supposer qu'il ne fît pas l'avance de la taxe.

La perte supportée par le monopoleur dans son revenu net sera

$$p_0\,F(p_0) - \varphi\left[F(p_0)\right] - \left\{p'\,F(p') - \varphi\left[F(p')\right] - i\,F(p')\right\} = p_0\,F(p_0) - \varphi\left[F(p_0)\right] - \left[p'\,F(p') - \varphi\left[F(p')\right]\right] + i\,F(p')\,.$$

Or, puisque p_0 est la valeur de p qui rend un maximum la fonction

$$p\,F(p) - \varphi\left[F(p)\right],$$

on a nécessairement

$$p_0\,F(p_0) - \varphi\left[F(p_0)\right] > p'\,F(p') - \varphi\left[F(p')\right],$$

et la perte supportée par le monopoleur excède à elle seule le profit brut du fisc. La perte supportée par les consommateurs reste donc sans compensation aucune; et nul doute que la doctrine de la secte de Quesnay ne s'applique avec justesse aux productions en monopole; qu'il ne vaille mieux asseoir directement un impôt sur le revenu net du monopoleur que de frapper la denrée d'une taxe fixe.

La valeur appliquée avant l'impôt à la consommation de la denrée était $p_0\,F(p_0)$; elle devient après l'impôt $p'\,F(p')$, et l'on a nécessairement

$$p_0\,F(p_0) > p'\,F(p').$$

Cela résulte de l'inégalité précédemment démontrée

$$p_0\,F(p_0) - \varphi\left[F(p_0)\right] > p'\,F(p') - \varphi\left[F(p')\right],$$

et de cette autre inégalité

$$\varphi\left[F(p_0)\right] > \varphi\left[F(p')\right],$$

qui est évidente d'elle-même, puisque la somme absolue des frais de production ne peut que décroître, quand la quantité produite décroît.

La valeur de i, ou le chiffre de l'impôt, qui rend le profit brut du fisc un maximum, résulterait de l'équation

$$\frac{d \,.\, i\, F(p')}{di} = F(p') + i F'(p') \frac{dp'}{di} = o\,,$$

p' étant d'ailleurs une fonction de i donnée par l'équation

$$F(p') + \left[p' - \psi(p') - i\right] F'(p') = o\,.$$

39. Si la loi du débit et le fonds productif sont tels que le producteur ne puisse, tant avant qu'après l'établissement de la taxe, suffire à la demande qui lui donnerait le plus grand bénéfice, il se défera de toute sa denrée, avant comme après l'établissement de l'impôt; et il s'en défera au même prix, parce qu'il ne peut pas y avoir, dans un ordre de choses stable, deux prix correspondants à un même débit. L'impôt pèsera donc entièrement sur le producteur.

Dès lors, il semblerait que le fisc ne serait limité, dans la fixation de la taxe, que par la condition de ne pas absorber entièrement le revenu net du producteur. Mais cette conséquence serait inexacte, et l'on peut en démontrer la fausseté, au moins dans un cas, celui où la fonction $\varphi'(D)$ est croissante avec D, et où l'on a, en même temps, $p' - p_o > i$, p_o, p' étant respectivement les racines des équations

$$(1)\quad F(p) + \left[p - \varphi'(D)\right] F'(p) = o\,,$$

$$F(p) + \left[p - \varphi'(D) - i\right] F'(p) = o\,.$$

En effet, soit Δ la limite nécessaire de la production, et π la valeur de p tirée de la relation $F(p) = \Delta$, il faudrait, dans l'hypothèse, que π fût $> p'$, et *à fortiori* $> p_0 + i$, i étant égal à $\pi - \frac{\varphi(\Delta)}{\Delta}$. On aurait donc

$$\pi > p_0 + \pi - \frac{\varphi(\Delta)}{\Delta}, \text{ ou } p_0 < \frac{\varphi(\Delta)}{\Delta}.$$

Mais cette dernière inégalité ne peut certainement avoir lieu, si $\varphi'(D)$ est, conformément à l'hypothèse, une fonction croissante avec D ; car alors, p_0 étant $<$ π, la demande D_0 correspondante à p_0 est $> \Delta$, $\frac{\varphi(D_0)}{D_0}$ est $> \frac{\varphi(\Delta)}{\Delta}$; p_0 serait donc $< \frac{\varphi(D_0)}{D_0}$. Cette valeur de p_0 constituerait donc le producteur en perte, et par conséquent ne pourrait pas être la racine de l'équation (1).

40. Si, bien loin d'asseoir une taxe, l'administration accorde une prime i au producteur monopoleur, le prix qui était p_0 avant la prime baissera et deviendra p' ; on aura, suivant les circonstances, $p_0 - p' \gtrless i$. Le sacrifice du trésor public sera $i\,F(p')$; le bénéfice des consommateurs qui achetaient avant la prime sera $(p_0 - p')\,F(p_0)$, et n'aura aucune relation nécessaire avec $i\,F(p')$. Quant aux consommateurs qui n'achètent qu'après la baisse de prix résultant de la prime, on ne peut pas dire que la prime les gratifie pécuniairement ; elle détourne seulement leur argent d'un emploi pour l'appliquer à l'emploi favorisé.

La variation survenue par suite de la prime, dans le revenu net du producteur, est :

$$p' F(p') - \varphi\left[F(p')\right] + i F(p') - \left[p_0 F(p_0) - \varphi\left[F(p_0)\right]\right] = i F(p') - \left\{p_0 F(p_0) - \varphi\left[F(p_0)\right] - \left[p' F(p') - \varphi\left[F(p')\right]\right]\right\}.$$

Or, puisque p_0 est la valeur de p qui rend un maximum la fonction

$$p F(p) - \varphi\left[F(p)\right],$$

il s'en suit qu'on a toujours

$$p_0 F p_0 - \varphi(F p_0) > p' F p' - \varphi(F p'),$$

tellement que le gain résultant de la prime pour le producteur (et c'est en général l'intérêt du producteur, non celui des consommateurs que l'on a en vue dans l'établissement d'une prime) est essentiellement moindre que le sacrifice au prix duquel ce gain s'opère.

41. L'impôt peut être assis d'après un tarif, non plus fixe, mais proportionnel au prix de vente ; c'est-à-dire que la taxe, au lieu d'être exprimée par une constante i, l'est par un terme np [1]. Dans ce cas,

[1] Il y a une portion des frais que l'on peut considérer comme agissant à la manière d'un semblable impôt, c'est-à-dire comme étant proportionnelle au prix de la denrée. C'est la portion des frais qui paie l'intérêt des capitaux employés dans le négoce de la denrée.

si la denrée était produite et transmise sans frais appréciables du producteur aux consommateurs, le prix étant déterminé par la condition que le producteur retire le plus grand profit, ou que $(i\text{-}n)\,p\,\mathrm{F}(p)$ soit un maximum, la présence du facteur constant $i\text{-}n$ ne changerait rien à la valeur de p; l'impôt pèserait tout entier sur le producteur, et pourrait aller jusqu'à absorber son revenu net.

Dans le cas contraire, le seul qui puisse se réaliser communément, la condition serait que la fonction

$$(i-n)p\,\mathrm{F}(p)-\varphi(\mathrm{D})$$

atteignît le maximum, ou qu'on eût :

$$(2)\quad \mathrm{F}(p)+\left(p-\frac{1}{1-n}\varphi'\left[\mathrm{F}(p)\right]\right)\mathrm{F}'(p)=o\;;$$

en sorte que l'établissement de l'impôt aurait absolument les mêmes effets que si tous les frais requis pour la production de la denrée et sa transmission du producteur aux consommateurs étaient augmentés dans la proportion de $1:\frac{1}{1-n}$; résultat bien simple et qui mérite attention.

Ainsi, un impôt de cette nature, toutes choses égales d'ailleurs, sera d'autant plus lourd que les frais de production et de transmission seront déjà plus considérables, ou que, dans le prix de la denrée, une moindre part représentera la rente du monopoleur.

Le bénéfice brut du fisc est $np'\,\mathrm{F}(p')$. La valeur de

n qui le rend un maximum est donnée par l'équation $d \cdot \frac{np' F(p')}{dn} = o$, ou

$$p' F(p') + \frac{dp'}{dn} \left[F(p') + p' F'(p') \right] = o .$$

La perte supportée par les consommateurs qui continuent d'acheter la denrée, sera $(p' - p_o) F(p')$; en sorte que cette perte sera supérieure ou inférieure au profit brut du fisc, selon qu'on aura $p' - p_o \gtrless np'$, ou $p'(1-n) \gtrless p_o$.

Quant à la perte supportée par le producteur, elle sera

$$p_o F(p_o) - \varphi \left[F(p_o) \right] - \left\{ (1 - n) p' F(p') - \varphi \left[F(p') \right] \right\} = p_o F(p_o) - \varphi \left[F(p_o) \right] - \left\{ p' F(p') - \varphi \left[F(p') \right] \right\} + np' F(p') ;$$

elle surpassera donc à elle seule le profit brut du fisc, comme dans l'autre mode de taxe.

42. Il resterait à discuter l'action de l'impôt *en nature* sur le prix d'une denrée en monopole, ce que nous indiquerons d'autant plus brièvement que cette forme d'impôt tend partout à disparaître, par suite des progrès des nations dans le système commercial. Nous distinguerons à cette occasion deux cas différents.

Il peut se faire que le produit de l'impôt en nature soit appliqué à une consommation qui n'aurait pas eu lieu sans l'impôt, et qui n'influe en rien sur la demande que les autres consommateurs font au producteur. Supposons d'abord le prélèvement en nature égal à une constante K. L'équation au maximum, qui doit donner la valeur de p, au lieu d'être

$$F(p) + \left[p - \varphi'\left[F(p)\right]\right] F'(p) = o\ ,$$

deviendra :

$$(3)\quad F(p) + \left[p - \varphi'\left[F(p) + K\right]\right] F'(p) = o\ ;$$

de sorte qu'un tel impôt élèvera ou abaissera le prix de la denrée, selon que la fonction $\varphi'(D)$ croîtra ou décroîtra pour des valeurs croissantes de D.

Supposons ensuite le prélèvement proportionnel au produit brut, et étant à ce produit brut dans le rapport de $n : 1$. La fonction que le producteur aura intérêt de rendre un maximum, sera

$$pF(p) - \varphi\left[\frac{F(p)}{1-n}\right]\ ,$$

et l'équation (3) sera remplacée par

$$F(p) + \left[p - (1-n)\varphi'\left[\frac{F(p)}{1-n}\right]\right] F'(p) = o\ .$$

Si l'on admet au contraire que la loi de consommation de la denrée reste la même, avant comme après le prélèvement en nature, on aura, pour la fonction qui doit être un maximum, dans le cas d'un prélèvement fixe K,

$$p\left[F(p)-K\right]-\varphi\left[F(p)\right],$$

et, pour sa différentielle qui détermine la valeur de p:

$$F(p)-K+\left[p-\varphi'\left[F(p)\right]\right]F'(p)=o.$$

Le prélèvement proportionnel au produit brut, ou la *dîme* donnerait pour la fonction au maximum

$$(1-n)p\,F(p)-\varphi\left[F(p)\right],$$

dont la différentielle serait la même que le premier membre de l'équation (2). Ainsi, le prix de la denrée, le profit du fisc, la charge des consommateurs, la perte du producteur seraient absolument les mêmes que si la denrée eût été frappée d'une taxe proportionnelle au prix dans la raison de $n:1$.

CHAPITRE VII.

De la concurrence des producteurs.

43. Tout le monde se forme une idée vague des effets de la concurrence : la théorie aurait dû s'attacher à préciser cette idée ; et pourtant, faute d'envisager la question sous le point de vue convenable, faute de recourir aux signes dont l'emploi devient indispensable, les écrivains économistes n'ont perfectionné en rien, sous ce rapport, les notions vulgaires. Elles sont restées mal définies, mal appliquées dans leurs ouvrages, comme dans le langage du monde.

Pour rendre sensible la conception abstraite du monopole, nous imaginions une source et un propriétaire. Maintenant, imaginons deux propriétaires et deux sources, dont les qualités sont identiques, et qui, en raison de la similitude de leur position, alimentent concurremment le même marché. Dès lors le prix est nécessairement le même pour l'un et pour l'autre propriétaire. Soit p ce prix, $D = F(p)$ le débit total, D_1 le débit de la source (1), D_2 celui de la source (2), de sorte que $D_1 + D_2 = D$. En négligeant, pour débuter, les frais d'exploitation, les revenus des propriétaires seront respectivement pD_1, pD_2 ; et *chacun de son côté* cherchera à rendre ce revenu le plus grand possible.

Nous disons *chacun de son côté*, et cette restriction, comme on va le voir, est bien essentielle ; car s'ils s'entendaient pour obtenir chacun le plus grand revenu, les résultats seraient tout autres, et ne différeraient pas, pour les consommateurs, de ceux qu'on a obtenus en traitant du monopole.

Au lieu de poser, comme précédemment, $D = F(p)$, il nous sera commode d'employer ici la notation inverse $p = f(D)$; et alors, les bénéfices des propriétaires (1), (2) seront exprimés respectivement par

$$D_1 . f(D_1 + D_2), \quad D_2 . f(D_1 + D_2),$$

c'est-à-dire par des fonctions dans chacune desquelles entrent deux variables D_1, D_2.

Le propriétaire (1) ne peut pas influer directement sur la fixation de D_2 : tout ce qu'il peut faire, c'est, lorsque D_2 est fixé par le propriétaire (2), de choisir pour D_1 la valeur qui lui convient le mieux, ce à quoi il parviendra en modifiant convenablement le prix ; sauf au propriétaire (2), qui se verrait forcé d'accepter ce prix et cette valeur de D_1, de fixer une nouvelle valeur de D_2 plus favorable à ses intérêts que la précédente.

Analytiquement, cela revient à dire que D_1 sera déterminé en fonction de D_2 par la condition

$$\frac{d . D_1 f(D_1 + D_2)}{dD_1} = o,$$

et que D_2 sera déterminé en fonction de D_1 par la condition analogue

$$\frac{d.\ D_2 f(D_1 + D_2)}{d D_2} = o ,$$

d'où il suit que les valeurs définitives de D_1 , D_2 , par conséquent D et p seront déterminés au moyen du système d'équations

$$(1)\quad f(D_1 + D_2) + D_1\, f'(D_1 + D_2) = o ,$$
$$(2)\quad f(D_1 + D_2) + D_2\, f'(D_1 + D_2) = o .$$

En effet, supposons que les variables D_1 , D_2 étant représentées par des coordonnées rectangulaires, la courbe $m_1\, n_1$ (fig. 2) soit le tracé de l'équation (1), et la courbe $m_2\, n_2$ le tracé de l'équation (2). Si le propriétaire (1) adoptait pour D_1 une valeur représentée par $ox_{,}$, le propriétaire (2) adopterait pour D_2 la valeur $oy_{,}$, laquelle, pour la valeur supposée de D_1 , lui donne le plus grand bénéfice. Mais alors, par la même raison, le producteur (1) devrait adopter pour D_1 la valeur $ox_{,,}$, qui donne le bénéfice *maximum* quand D_2 a la valeur $oy_{,}$. Ceci ramènerait le producteur (2) à retomber sur la valeur $oy_{,,}$, et ainsi de suite : par où l'on voit que l'équilibre ne peut s'établir que lorsque les coordonnées ox , oy , du point d'intersection i , représentent les valeurs de D_1 , D_2 . La même construction, répétée sur la figure de l'autre côté du point i , conduit à des résultats symétriques.

La situation d'équilibre, correspondante au système de valeurs ox, oy, est donc *stable*; c'est-à-dire que si l'un ou l'autre des producteurs, trompé sur ses vrais intérêts, vient à s'en écarter momentanément, il y sera ramené par une suite de réactions, toujours diminuant d'amplitude, et dont les lignes ponctuées de la figure, par leur disposition en gradins, offrent l'image.

La construction précédente suppose que l'on a $om_1 > om_2$, $on_1 < on_2$: les résultats seraient diamétralement opposés, si ces inégalités changeaient de signe, et si les courbes m_1n_1, m_2n_2 affectaient la disposition représentée sur la fig. 3. Les coordonnées du point i, où les deux courbes se coupent, cesseraient alors de correspondre à un système d'équilibre stable. Mais il est facile de se convaincre qu'une pareille disposition des courbes est inadmissible. En effet, quand $D_1 = o$, les équations (1) et (2) se réduisent, la première à

$$f(D_2) = o ,$$

la seconde à

$$f(D_2) + D_2 f'(D_2) = o .$$

La valeur de D_2 tirée de la première est celle qui correspondrait à une valeur nulle de p; la valeur de D_2 tirée de la seconde équation correspond à une valeur de p qui rendrait le produit $p\,D_2$ un maximum. Donc, la première racine surpasse nécessairement la seconde, ou $om_1 > om_2$, et par la même raison $on_2 > on_1$.

44. On tire des équations (1) et (2), d'abord $D_1 = D_2$ (ce qui devait être, puisque les deux sources sont supposées semblables et semblablement placées), ensuite, en les ajoutant :

$$2f(D) + (D)f'(D) = o \;;$$

équation qui peut se transformer en

$$(3) \qquad D + 2p\frac{dD}{dp} = o \;;$$

tandis que, si les deux sources eussent été réunies dans le même domaine, ou si les deux producteurs *s'étaient entendus*, la valeur de p aurait été déterminée par l'équation

$$(4) \qquad D + p\frac{dD}{dp} = o \;,$$

et aurait rendu le revenu total Dp un *maximum* ; par conséquent, aurait assigné à chacun des producteurs un revenu plus grand que celui qu'ils obtiendront avec la valeur de p, tirée de l'équation (3).

Comment donc se fait-il que les producteurs, faute de s'entendre, ne s'arrêtent pas comme dans le cas du monopole ou de l'association, à la valeur de p tirée de l'équation (4), et qui leur donne effectivement le plus grand revenu ?

La raison en est que, le producteur (1) ayant fixé sa production à ce qu'elle devait être en conséquence de l'équation (4) et de la condition $D_1 = D_2$, l'autre pourra, avec un *bénéfice momentané*, porter sa propre production à un taux supérieur ou inférieur; à la vérité, il sera bientôt puni de sa méprise, en ce qu'il forcera le premier producteur à adopter un nouveau taux de production qui réagira défavorablement sur le producteur (2) lui-même. Mais ces réactions successives, bien loin de rapprocher les deux producteurs de l'état primitif, les en écarteront de plus en plus. En d'autres termes, cet état ne sera pas une situation d'équilibre stable; et, bien que le plus favorable aux deux producteurs, il ne pourra subsister à moins d'un lien formel; parce qu'on ne peut pas plus supposer, dans le monde moral, des hommes exempts d'erreurs et d'inconsidération, que dans la nature physique des corps parfaitement rigides, des appuis parfaitement fixes, et ainsi de suite.

45. La racine de l'équation (3) est déterminée graphiquement par l'intersection de la droite $y = 2x$, et de la courbe $y = -\frac{Fx}{F'x}$; tandis que la racine de l'équation (4) est déterminée graphiquement par l'intersection de la même courbe avec la droite $y = x$. Or, il suffit qu'à toutes les valeurs réelles et positives de x, on puisse assigner une valeur réelle et positive de la fonction $y = -\frac{Fx}{F'x}$, pour que l'abscisse x du premier point d'intersection soit moindre que celle du second, comme le simple tracé de la figure 4 le démontre suffisamment.

On peut se convaincre aussi aisément que la condition de ce résultat est toujours réalisée, en vertu de la nature de la loi du débit. Par conséquent la racine de l'équation (3) est toujours moindre que celle de l'équation (4); ou (comme on est bien convaincu avant toute analyse) le résultat de la concurrence est d'abaisser les prix.

46. S'il y avait 3, 4.... n producteurs en concurrence, toutes les circonstances restant les mêmes, l'équation (3) serait successivement remplacée par les suivantes :

$$D + 3p\frac{dD}{dp} = o, \quad D + 4p\frac{dD}{dp} = o, \quad \ldots\ldots\ldots\ldots$$

$$D + np\frac{dD}{dp} = o;$$

la valeur de p, qui en résulte, diminuerait indéfiniment par l'accroissement indéfini du nombre n.

Dans tout ce qui précède, on suppose que la limitation des forces productrices ne met pas obstacle à ce que chaque producteur choisisse le taux le plus avantageux de production. Admettons qu'en outre des n producteurs qui se trouvent dans ce cas, il y en ait d'autres qui atteignent la limite des forces productrices, et que la production totale de cette classe soit Δ; on aura toujours les n équations

$$(5) \quad \begin{cases} f(D) + D_1 f'(D) = o, \\ f(D) + D_2 f'(D) = o, \\ \cdot\quad\cdot\quad\cdot\quad\cdot\quad\cdot\quad\cdot\quad\cdot\quad\cdot \\ f(D) + D_n f'(D) = o; \end{cases}$$

qui donneront $D_1 = D_2 \ldots\ldots = D_n$, et en les ajoutant :

$$nf(D) + nD_1 f'(D) = o ;$$

mais $D = nD_1 + \Delta$, donc :

$$nf(D) + (D - \Delta) f'(D) = o ,$$

ou
$$D - \Delta + np\frac{dD}{dp} = o .$$

Ce sera cette dernière équation qui remplacera l'équation (3) et déterminera la valeur de p et par suite la valeur de D.

47. Chaque producteur étant assujetti à des frais de production exprimés par des fonctions $\varphi_1(D_1)$, $\varphi_2(D_2)$, ... $\varphi_n(D_n)$ les équations (5) deviendront

$$(6)\quad \begin{cases} f(D) + D_1 f'(D) - \varphi'_1(D_1) = o , \\ f(D) + D_2 f'(D) - \varphi'_2(D_2) = o , \\ \cdot\ \cdot\ \cdot\ \cdot\ \cdot\ \cdot\ \cdot\ \cdot\ \cdot\ \cdot\ \cdot\ \cdot\ \cdot\ \cdot \\ f(D) + D_n f'(D) - \varphi'_n(D_n) = o . \end{cases}$$

Si l'on combine, par voie de soustraction, deux quelconques d'entr'elles ; par exemple, si l'on retranche la seconde de la première, il viendra

$$D_1 - D_2 = \frac{1}{f'(D)}\left[\varphi'(D_1) - \varphi'_2(D_2)\right]$$
$$= \frac{dD}{dp}\left[\varphi'_1(D_1) - \varphi'_2(D_2)\right] .$$

Donc, puisque le coefficient $\frac{dD}{dp}$ est négatif de sa nature, on aura en même temps

$$D_1 \gtrless D_2 \ , \ \varphi'_1(D_1) \lessgtr \varphi'_2(D_2) \ .$$

Ainsi, la production du fonds A sera supérieure à celle du fonds B, quand il faudra de plus grands frais pour accroître la production de B, que pour accroître de la même quantité la production de A.

Supposons, pour fixer les idées, qu'il s'agisse de plusieurs mines de houille alimentant concurremment le même marché, et que, dans l'état stable, la mine A livre annuellement au marché 20 000 hectolitres, la mine B 15 000. On sera certain qu'il faudrait une plus grande addition de frais pour faire produire à la mine B et apporter au marché 1 000 hectolitres de plus, que pour produire le même accroissement de 1 000 hectolitres dans les livraisons provenues de la mine A.

Cela n'empêche pas que, pour une limite inférieure d'exploitation, les frais de la mine A ne puissent être supérieurs à ceux de la mine B. Par exemple, si la production de l'une et de l'autre était réduite à 10 000 hectolitres, il serait possible que les frais fussent moindres en B qu'en A.

48. En ajoutant les équations (6) on aura

$$n f(D) + D f'(D) - S \,.\, \varphi'_n(D_n) = o \ ,$$

ou

$$(7) \quad D + \frac{dD}{dp}\left[np - S \,.\, \varphi'_n(D_n)\right] = o \ .$$

Si nous comparons cette équation avec celle

$$(8)\ D+\frac{dD}{dp}\left[p-\varphi'(D)\right]=o\ ,$$

qui déterminerait la valeur de p dans le cas où tous les fonds productifs dépendraient d'un monopoleur, nous reconnaîtrons d'une part que la substitution du terme $n\,p$ au terme p tend à diminuer la valeur de p ; mais d'autre part que la substitution du terme $S.\varphi'_n(D_n)$ au terme $\varphi'(D)$ tend à l'accroître, par la raison qu'on a toujours

$$S.\ \varphi'_n(D_n)>\varphi'(D)\ ;$$

et, en effet, non-seulement la somme des termes $\varphi'_n(D_n)$ est supérieure à $\varphi'(D)$, mais la moyenne de ces termes l'emporte sur $\varphi'(D)$; c'est-à-dire qu'on a l'inégalité $\frac{S.\ \varphi_n\ (D'_n)}{n}>\varphi'(D)$.

Pour s'en convaincre, il suffit de considérer que le propriétaire qui posséderait le monopole des fonds productifs, exploiterait de préférence les fonds dont l'exploitation est la moins dispendieuse, en laissant, au besoin, chômer les autres ; tandis que le concurrent le moins favorisé ne se résoudra pas à laisser chômer son fonds productif tant qu'il pourra en tirer un revenu, si modique qu'il soit. En conséquence, pour une même valeur de p, ou pour une même quantité totale produite, les frais seront toujours plus grands pour les producteurs concurrents qu'ils ne le seraient pour un monopoleur.

7

Il s'agit maintenant de prouver que la valeur de p, qu'on tirerait de l'équation (8), surpasse toujours la valeur de p tirée de l'équation (7).

Pour cela, nous remarquerons d'abord que si l'on substitue dans $\varphi'(D)$ la valeur $D = F(p)$, on changera $\varphi'(D)$ en une fonction $\psi(p)$; et chacun des termes qui entrent dans l'expression sommatoire $S \,.\, \varphi'_n(D_n)$ pourra aussi être regardé comme une fonction implicite de p, en vertu de la relation $D = F(p)$ et du système des équations (6). En conséquence, la racine de l'équation (7) sera l'abscisse du point d'intersection de la courbe

$$(a) \qquad y = -\frac{F(x)}{F'(x)},$$

avec la courbe

$$(b) \; y = nx - \left[\psi_1(x) + \psi_2(x) + \dots\dots\dots + \psi_n(x)\right];$$

tandis que la racine de l'équation (8) sera l'abscisse du point d'intersection de la courbe (a) avec celle qui a pour équation

$$(b') \qquad y = x - \psi(x).$$

L'équation (a), ainsi qu'on l'a déjà remarqué, est représentée par une courbe MN (fig. 5), dont les ordonnées sont constamment réelles et positives : nous représentons l'équation (b) par la courbe PQ, et l'équation (b') par la courbe P' Q'. En vertu de la relation démontrée tout-à-l'heure

$$S . \psi_n(x) > \psi(x),$$

on a, pour la valeur $x = o$, O P > O P'. Il faut démontrer que la courbe P' Q' vient couper la courbe P Q en un point I situé au-dessous de M N, de façon que l'abscisse du point Q' soit moindre que l'abscisse du point Q.

Cela revient à prouver qu'aux points Q, Q' l'ordonnée de la courbe (b) est plus grande que l'ordonnée de la courbe (b') correspondante à la même abscisse.

Supposons qu'il en soit autrement, et que l'on ait

$$x - \psi(x) > nx - \Big[\psi_1(x) + \psi_2(x) + \dots\dots\dots + \psi_n(x)\Big],$$

ou

$$(n-1)x < \psi_1(x) + \psi_2(x) + \dots + \psi_n(x) - \psi(x).$$

$\psi(x)$ est une quantité intermédiaire entre la plus grande et la plus petite des quantités

$$\psi_1(x),\ \psi_2(x),\ \dots\dots\ \psi_{n-1}(x),\ \psi_n(x);$$

si nous supposons que $\psi_n(x)$ désigne le plus petit des termes de cette série, l'inégalité qui précède entraînera la suivante :

$$(n-1)x < \psi_1(x) + \psi_2(x) + \dots\dots + \psi_{n-1}(x).$$

Donc, x sera plus petit que la moyenne des n-1 termes dont la somme forme le second membre de l'inégalité ; et, parmi ces termes, il y en aura qui seront plus grands que x. Or, c'est ce qui ne peut pas être, puisque le producteur (k), par exemple, cessera de produire, dès que p sera plus petit que $\varphi'_k(D_k)$ ou $\psi_k(p)$.

49. Si donc il arrivait que la valeur de p tirée des équations (6), combinées avec les relations

$$(9) \quad D_1 + D_2 + \ldots\ldots + D_n = D, \; D = F(p) \;,$$

entraînât l'inégalité

$$p - \varphi'_k(D_k) < o \;,$$

il faudrait rayer l'équation

$$f(D) + D_k f'(D) - \varphi'_k(D_k) = o$$

du nombre des équations (6), et la remplacer par

$$p - \varphi'_k(D_k) = o \;,$$

ce qui déterminerait D_k en fonction de p. Les équations (6) restantes, combinées avec les équations (9), détermineront toutes les autres inconnues du problème.

CHAPITRE VIII.

De la concurrence indéfinie.

50. Les effets de la concurrence ont atteint leur limite, lorsque chacune des productions partielles D_k est *insensible*, non seulement par rapport à la production totale $D = F(p)$, mais aussi par rapport à la dérivée $F'(p)$, en sorte que la production partielle D_k pourrait être retranchée de D, sans qu'il en résultât de variation appréciable dans le prix de la denrée. Cette hypothèse est celle qui se réalise dans l'économie sociale pour une foule de productions, et pour les productions les plus importantes. Elle introduit dans les calculs une grande simplification, et c'est à en développer les conséquences que ce chapitre est destiné.

En vertu de l'hypothèse, on pourra, dans l'équation

$$D_k + \left[p - \varphi'_k(D_k)\right] \cdot \frac{dD}{dp} = o,$$

négliger, sans erreur sensible, le terme D_k, ce qui la réduira à

$$p - \varphi'_k(D_k) = o.$$

En conséquence, le système des équations (6) du

précédent chapitre, se trouvera remplacé par

$$(1)\ p-\varphi'_1(D_1)=o\,,\ p-\varphi'_2(D_2)=o\,,\ \ldots\ldots\ p-\varphi'_n(D_n)=o\,.$$

Ces n équations, jointes à celle

$$(2)\qquad D_1+D_2+\ldots\ldots+D_n=F(p)\,,$$

détermineront toutes les inconnues, p, D_1, D_2, ...D_n.

Concevons toutes les équations (1) résolues par rapport aux inconnues D_1, D_2,..... D_n, le premier membre de l'équation (2) deviendra une fonction de p, que nous pouvons représenter par $\Omega(p)$, en sorte que cette équation sera écrite sous la forme très simple

$$(3)\qquad \Omega(p)-F(p)=o\,.$$

Dans l'hypothèse qui nous occupe, toutes les fonctions $\varphi'_k(D_k)$ doivent être supposées croissantes avec D_k. Autrement la valeur brute du produit

$$p\,D_k=D_k\,.\ \varphi'_k(D_k)$$

aurait une valeur inférieure aux frais, qui sont

$$\varphi_k(D_k)=\int_0^{D_k}\varphi'_k(D_k)\,d\,D_k\,.$$

Il est clair d'ailleurs que, dans l'hypothèse où il s'établirait une concurrence indéfinie, et où, en même temps, la fonction $\varphi'_k(D_k)$ serait décroissante, rien ne limiterait la production de la denrée. Ainsi, lorsqu'il y a un bénéfice de propriété, une rente attachée à un fonds productif dont l'exploitation entraîne des frais tels que la fonction $\varphi'_k(D_k)$ soit décroissante, c'est une preuve que l'effet du monopole n'est pas entièrement éteint, ou que la concurrence n'est pas telle que la variation de la quantité livrée par chacun des producteurs en particulier, n'influe d'une manière sensible sur la production totale et sur le taux de la denrée.

Toutes les fonctions $\varphi'_k(D_k)$ devant être supposées croissantes avec D_k, l'expression de D_k tirée de l'équation $p = \varphi'_k(D_k)$ est elle-même une fonction de p, croissante avec p; la fonction que nous avons désignée par $\Omega(p)$ est donc aussi nécessairement croissante avec p.

51. Cela posé, concevons que toutes les fonctions $\varphi'_k(D_k)$ viennent à croître d'une même quantité u, comme cela aurait lieu par suite de l'établissement d'une taxe fixe sur la denrée, l'équation (3) se trouvera remplacée par

$$(4) \qquad \Omega(p-u) = F(p).$$

Soit MN (fig. 6) la courbe qui a pour équation $y = F(p)$, courbe dont le caractère essentiel consiste en ce que la tangente fait toujours un angle obtus avec le demi-axe positif des abcisses p, ou bien en ce que la dérivée $F'(p)$ a toujours une valeur négative.

Soit PQ la courbe qui a pour équation $y = \Omega(p)$, courbe dont le caractère essentiel consiste, au contraire, comme on vient de le voir, en ce que sa tangente forme un angle aigu avec le demi-axe positif des abscisses. Soit enfin P′ Q′ la courbe qui a pour équation

$$y = \Omega\,(p - u)\ ,$$

laquelle est liée à la courbe P Q par la condition que toutes les portions de parallèles à l'axe des abscisses, interceptées entre les deux courbes, comme V S′, soient égales à u. Les abscisses O T, OT′ désigneront respectivement les racines des équations (3) et (4), racines que nous pouvons aussi exprimer par p_0, p'. Or, il est visible, d'après la forme de la courbe M N, qu'on aura toujours OT′ > O T, où $p' > p_0$, et qu'ainsi un accroissement dans les frais de production sera toujours suivi d'une hausse dans le prix de la denrée. Il est visible pareillement, d'après la forme des courbes P Q, P′ Q′, qu'on aura toujours T T′ < V S′, ou $p' - p_0 < u$, c'est-à-dire que *la hausse du prix sera, dans tous les cas, moindre quel' accroissement des frais.*

Sur la figure, on a supposé que les courbes PQ, P′ Q′, tournaient leur convexité du côté de l'axe des y, mais le résultat de la construction serait le même, si les courbes tournaient leur concavité du côté de cet axe.

On peut donner à la démonstration du théorème dont il s'agit, un tour analytique, mais alors la commodité de la démonstration exige que l'on considère d'abord l'accroissement u et la différence $p' - p_0 = \delta$

comme deux quantités très petites dont on néglige les carrés et les puissances supérieures. Par ce moyen, l'équation (4) se réduit à

$$(\delta - u)\Omega'(p_o) = \delta F'(p_o).$$

Mais $\Omega'(p_o)$ est $> o$, et $F'(p_o)$ est $< o$; donc δ est de signe contraire à $\delta - u$, ce qui entraîne les deux conditions

$$\delta > o, \quad \delta < u.$$

Cette démonstration s'étend d'ailleurs à des valeurs quelconques de u, δ, selon la remarque faite dans l'art. 32.

On voit que, plus la courbe M N approchera de se réduire à une droite parallèle à l'axe des abscisses, ou moins la consommation variera avec le prix, plus la différence $p' - p_o$ approchera d'être égale à u.

Il suit encore de là que les frais qui frapperont la denrée, après qu'elle sera sortie des mains du producteur, feront toujours baisser le prix perçu par les producteurs.

52. Pour calculer l'influence de cette variation sur les intérêts des producteurs et des consommateurs, il faut observer qu'on aura :

$$\left[\varphi'_k(D_k)\right]_o = p_o, \quad \left[\varphi'_k(D_k)\right]' = p' - u,$$

en désignant par

$$\left[\varphi'_k(D_k)\right]_o, \quad \left[\varphi'_k(D_k)\right]'$$

les valeurs de $\varphi'_k(D_k)$ qui correspondent à la valeur de D_k, avant et après l'accroissement de frais u. Or, on a

$$p'-u<p_o\,,\ \text{d'où}\left[\varphi'_k(D_k)\right]'<\left[\varphi'_k(D_k)\right]_o\,;$$

donc, puisque $\varphi'_k(D_k)$ est une fonction de D_k croissante avec cette dernière variable, on a

$$\left[D_k\right]'<\left[D_k\right]_o\,;$$

donc, *à fortiori*, le produit $(p'-u)[D_k]'$ est plus petit que $p_o\,[D_k]_o$.

En conséquence, le producteur (k) perd, par suite de l'accroissement de frais u,

1° La différence du prix p_o au prix $p'-u$, sur la quantité produite $[D_k]'$, ou

$$(p^o-p'+u)\left[D_k\right]'\,;$$

2° Le bénéfice net qui lui revenait sur la quantité $[D_k]_o-[D_k]'$, dont l'accroissement de frais diminue sa production, ou

$$p_o\left(\left[D_k\right]_o-\left[D_k\right]'\right)-\left(\left[\varphi_k(D_k)\right]_o-\left[\varphi_k(D_k)\right]'\right).$$

La perte totale qu'il éprouve est donc

$$p_o\left[D_k\right]_o-(p'-u)\left[D_k\right]'-\left(\left[\varphi_k(D_k)\right]_o-\left[\varphi_k(D_k)\right]'\right).$$

Elle sera d'autant plus atténuée, que la fonction

$\varphi'_k(D_k)$, dont $\varphi_k(D_k)$ désigne l'intégrale, croîtra plus rapidement entre les limites de l'intégration définie.

La perte totale supportée par la masse des producteurs sera donc

$$p_o D_o - (p' - u) D' - S\left(\left[\varphi_k(D_k)\right]_o - \left[\varphi_k(D_k)\right]'\right),$$

la caractéristique S indiquant une sommation par rapport à l'indice k.

La même expression pourra être mise sous la forme

$$u D' + p_o D_o - p' D' - S . \left(\left[\varphi_k(D_k)\right]_o - \left[\varphi_k(D_k)\right]'\right) ;$$

mais on ne prouve plus, comme on l'a fait pour un cas analogue dans l'art. 38, que cette quantité soit plus grande que $u D'$, qui exprime le produit de la taxe, quand u est une taxe fixe, assise sur la denrée. Au contraire, comme on a toujours

$$\left[\varphi_k(D_k)\right]_o > \left[\varphi_k(D_k)\right]',$$

à cause de $(D_k)_o > (D_k)'$, si l'on a de plus $p' D' > p_o D_o$, c'est-à-dire si la valeur p_o est inférieure à celle qui rend $p D$ un maximum (art. 24), la perte totale soufferte par les producteurs sera nécessairement inférieure à $u D'$.

La perte supportée par les consommateurs, qui achètent la denrée malgré le renchérissement, est égale à

$$(p' - p_o) D' ;$$

cette perte seule surpasse donc le produit de la taxe $u\,D'$, puisqu'on a toujours $p' - p_o < u$.

53. Si la denrée était frappée, non plus d'une taxe fixe, mais d'une taxe np, proportionnelle au prix de vente, ou surchargée de nouveaux frais qui agissent à la manière d'une semblable taxe (art. 41), l'équation

$$p - \varphi_k(D_k) = o\,,$$

serait remplacée par

$$(5)\qquad p - \varphi'_k(D_k) - \frac{d(np\,.\,D_k)}{dD_k} = o\,.$$

Cette équation devient, quand on effectue la différentiation indiquée,

$$p - \varphi'_k(D_k) - np - n\,D_k\,.\,\frac{dp}{dD_k} = o\,,$$

ou plus simplement

$$p(1-n) - \varphi'_k(D_k) = o\,;$$

attendu que, dans l'hypothèse d'une concurrence indéfinie, D_k étant une fraction insensible de la production totale D, $\frac{dp}{dD_k}$ est une quantité pareillement insensible et négligeable. Au lieu de l'équation (3) on aura donc

$$(6)\qquad \Omega\left[(1-n)p\right] - F(p) = o\,;$$

c'est-à-dire que le prix est augmenté par suite d'un

tel impôt, comme il le serait, si tous les frais nécessaires pour la production et pour la transmission de la denrée étaient accrus eux-mêmes dans la proportion de $1 : \frac{1}{1-n}$; résultat absolument semblable à celui que nous avons obtenu pour le cas du monopole. Ainsi, un impôt de cette nature affectera d'autant plus chacun des producteurs, qu'ils auront à supporter des frais de production plus considérables.

Il en faudrait dire autant, si la denrée était frappée d'une dîme ou d'un impôt en nature proportionnel à la production, comme était l'impôt assis par le gouvernement espagnol sur les mines d'or et d'argent de l'Amérique. Car, en appelant n le rapport de la quantité prélevée à la production totale, et en supposant, comme il est naturel de le faire, que l'impôt ne change pas la loi de consommation de la denrée, les équations (5) et (6) s'appliqueront encore à cette hypothèse.

54. Considérons, en particulier, l'un des producteurs, celui dont la production est exprimée par D_k ; le revenu net de ce producteur, ou le fermage de son fonds productif (en comprenant le bénéfice du fermier dans les frais d'exploitation), aura pour valeur

$$p D_k - \int_0^{D_k} \varphi'_k(D_k) \,.\, dD_k ,$$

ou bien, en substituant pour p sa valeur $\varphi'_k(D_k)$,

$$(8)\quad \varphi'_k(D_k)\,.\,D_k - \int_0^{D_k} \varphi'_k(D_k)\,.\,dD_k\,.$$

Telle est l'expression du revenu net ou du fermage *en argent;* mais si l'on voulait avoir l'expression du fermage *en nature*, ou la quantité de la denrée produite, dont la valeur représente le revenu net du propriétaire ou producteur (k), il faudrait diviser l'expression précédente par $p = \varphi'_k(D_k)$, et alors on aurait

$$(9)\quad D_k - \frac{1}{\varphi'_k(D_k)}\,.\int_0^{D_k} \varphi'_k(D_k)\,.\,dD_k\,.$$

Il ne faut pas perdre de vue que le caractère essentiel de la fonction $\varphi'_k(D_k)$ est d'être croissante avec D_k.

Si le prix p, et par suite D_k viennent à augmenter, toutes les autres circonstances restant les mêmes, il est évident que le fermage en argent augmentera; mais la chose n'est pas aussi manifeste, et a même été niée par des économistes, au sujet du fermage en nature. Si, cependant, on différentie l'expression (9) par rapport à D_k, et si l'on égale le coefficient de la différentielle à zéro, comme pour déterminer la valeur de D_k qui rend cette expression un maximum ou un minimum, on aura après réduction

$$\frac{d\,.\,\varphi'_k(D_k)}{dD_k}\,.\int_0^{D_k} \varphi'_k(D_k)\,.\,dD_k = o\,,$$

ou plus simplement

$$\frac{d \,.\, \varphi'_k(D_k)}{d\, D_k} = o \,,$$

condition qui ne peut être satisfaite, attendu que la fonction φ'_k, par sa nature, croît constamment avec D_k. Donc l'expression (9) ne comporte pas de valeur minimum; et puisqu'elle commence évidemment par être croissante, elle doit aussi croître constamment avec D_k.

Le fermage augmentera, si les frais de production viennent à baisser pour le producteur (k) en particulier, sans que cette circonstance influe sensiblement sur la quantité totale produite et sur le prix de la denrée; mais dans le cas où la baisse de frais affecte tous les producteurs, la baisse du prix de la denrée qui en résulte, peut être telle que le revenu ou le fermage de chaque producteur en particulier soit diminué.

CHAPITRE IX.

Du concours des producteurs.

55. Très peu de matières se consomment telles qu'elles sont sorties des mains du premier producteur : ordinairement une même matière première entre dans la confection de plusieurs produits différents, plus immédiatemeut appropriés à la consommation ; et réciproquement plusieurs matières premières concourent à la formation de chacun de ces produits. Il est clair que chaque producteur de matières premières doit lutter pour tirer le plus grand parti de sa chose : et dès-lors on doit se demander d'après quelles lois se répartissent, entre les divers producteurs, les bénéfices que tous ensemble peuvent faire, en vertu de la loi de consommation des derniers produits. Ce court exposé suffira pour faire comprendre ce que nous entendons par l'influence du *concours* des producteurs de denrées diverses, influence qu'il ne faut pas confondre avec celle de la *concurrence* des producteurs de la même denrée, analysée dans les chapitres précédents.

Pour procéder avec ordre, du simple au composé, nous imaginerons deux denrées (a), (b), qui n'auraient d'autre emploi que celui de concourir à la production de la denrée composée $(a\,b)$; nous ferons d'abord abstraction des frais que nécessite la production de chacune des matières premières, prise séparément, et des frais qu'entraîne leur mise en œuvre, ou la formation de la denrée composée.

Pour la commodité du langage seulement, on pourrait prendre comme exemples le cuivre, le zinc et le laiton, dans l'hypothèse fictive où le cuivre et le zinc n'auraient d'autre emploi que celui de concourir par leur alliage à la formation du laiton, et où il serait permis de négliger les frais de production du cuivre et du zinc, ainsi que les frais d'alliage.

Soient p le prix du kilogramme de laiton, p_1 celui du kilogramme de cuivre, p_2 celui du kilogramme de zinc, $m_1 : m_2$ la proportion du cuivre au zinc dans le laiton, de sorte qu'on ait, en conséquence de l'hypothèse,

$$(a) \qquad m_1 p_1 + m_2 p_2 = p \, .$$

En thèse générale, p, p_1, p_2 désigneraient le prix de l'unité de denrée, pour la denrée composée $(a\,b)$ et pour les denrées composantes (a) et (b); m_1, m_2 seraient les nombres d'unités ou les fractions d'unité de chaque denrée composante qui entrent dans la formation de l'unité de la denrée composée.

Soient en outre

$$D = F\,(p) = F\,(m_1 p_1 + m_2 p_2)$$

la demande de la denrée composée,

$$(b)\begin{cases} D_1 = m_1\, F\,(m_1 p_1 + m_2 p_2)\,, \\ D_2 = m_2\, F\,(m_1 p_1 + m_2 p_2)\,, \end{cases}$$

les demandes de chacune des deux denrées composantes : si on les suppose exploitées chacune par un monopoleur, et si l'on applique à la théorie du concours des producteurs, les raisonnements qui nous ont servi à analyser les effets de la concurrence, on reconnaîtra que les valeurs de p_1, p_2 sont déterminées par les deux équations

$$\frac{d \cdot p_1 D_1}{dp_1} = o, \quad \frac{d \cdot p_2 D_2}{dp_2} = o,$$

dont le développement donne :

$$\begin{cases} F(m_1p_1 + m_2p_2) + m_1p_1 F'(m_1p_1 + m_2p_2) \\ \qquad = o, \quad (1) \\ F(m_1p_1 + m_2p_2) + m_2p_2 F'(m_1p_1 + m_2p_2) \\ \qquad = o; \quad (2) \end{cases}$$

aucun autre système de valeurs que celui qui résulte de ces deux équations, n'étant compatible avec un état d'équilibre stable.

56. Pour prouver cette proposition, il suffit d'établir que les courbes $m_1 n_1$, $m_2 n_2$, (qui seraient le tracé des équations (1) et (2) dans l'hypothèse où les variables p_1, p_2 représenteraient des coordonnées rectangulaires), affectent l'une ou l'autre des dispositions indiquées par les figures 7 et 8; car, cela admis, on démontre, comme dans le chapitre 7, et par la même construction, indiquée suffisamment au moyen des lignes ponctuées de l'une et de l'autre figure, que les coordonnées du point d'intersection i (ou les racines des équations (1), (2)) sont les seules valeurs de p_1, p_2, compatibles avec un équilibre stable.

Or, remarquons que, quand p_2 est nul, p_1 a une valeur finie Om_1, à savoir celle qui rend le produit $p_1 \, F(m_1 \, p_1)$ un maximum. Lorsqu'ensuite p_2 va en augmentant, la valeur de p_1 qui procure au producteur (1) le plus grand bénéfice, peut aller, ou en augmentant (ce qui est le cas de la figure 7), ou en diminuant (ce qui est le cas de la figure 8), mais sans pouvoir, dans cette dernière hypothèse, devenir jamais rigoureusement nulle. L'un ou l'autre cas se présentera, suivant la forme de la fonction F, et suivant qu'on aura

$$\frac{\left[F'(p)\right]^2 - F(p) \, . \, F''(p)}{2\left[F'(p)\right]^2 - F(p) \, . \, F''(p)} \lessgtr o.$$

p désignant dans cette inégalité une fonction de p_1, p_2, déterminée par l'équation (a).

Mais, de ce que les équations (1), (2) et l'inégalité précédente sont symétriques par rapport à $m_1 \, p_1$, $m_2 \, p_2$, il résulte que, quand la forme de la fonction F sera telle que les ordonnées p_2 de la courbe $m_1 \, n_1$ aillent en croissant pour des valeurs croissantes de p_1, de même les abscisses p_1 de la courbe $m_2 \, n_2$ iront en croissant pour des valeurs croissantes de p_2, en sorte que les deux courbes affecteront la disposition reproduite sur la figure 7. Au contraire, quand les ordonnées p_2 de la courbe $m_1 \, n_1$ décroîtront pour des valeurs croissantes de p_1, les abscisses p_1 de la courbe $m_2 n_2$ iront pareillement en décroissant pour des valeurs croissantes de p_2, et alors la disposition des deux courbes sera celle que représente la figure 8.

57. Les équations (1) et (2) pouvant être considérées comme établies, par suite des remarques qui précèdent, nous observerons qu'elles donnent d'abord

$$m_1 p_1 = m_2 p_2 = \frac{1}{2} p \ ;$$

c'est-à-dire que, dans l'hypothèse purement abstraite qui nous occupe, les bénéfices se partageraient également entre les deux monopoleurs; et en effet, il n'y aurait pas de raison pour que le partage fût inégal au profit de l'un plutôt qu'au profit de l'autre.

En ajoutant les équations (1) et (2), on en déduit :

$$(c) \qquad F(p) + \frac{1}{2} p F'(p) = o \ ;$$

tandis que, si les intérêts des deux producteurs s'étaient trouvés confondus, p aurait été déterminé par la condition que le produit $p F(p)$ fût un *maximum*, c'est-à-dire, par l'équation

$$(c') \qquad F(p) + p F'(p) = o \ .$$

Pour justifier cette distinction, il faut raisonner absolument de la même manière que nous l'avons fait, en traitant de la concurrence des producteurs.

Mais il y a cette différence essentielle et bien remarquable, que la racine de l'équation (c) l'emportera toujours sur celle de l'équation (c'), de sorte que la denrée composée sera toujours portée à un prix plus haut, par le fait de la séparation, que par celui de la confusion des monopoles. L'association des monopoleurs, en tournant à leur propre profit, tournera aussi, dans ce cas, au profit des consommateurs, ce qui est précisément l'inverse de ce qui arrive pour les producteurs concurrents.

D'ailleurs, la supériorité de la racine de l'équation (c) sur celle de l'équation (c'), se démontre par la même construction graphique qui nous a servi à établir le résultat inverse, au chapitre où nous traitions de la concurrence.

Si nous avions supposé n denrées concourantes, au lieu de deux seulement, l'équation (c) aurait été manifestement remplacée par

$$F(p) + \frac{1}{n} F'(p) = o ;$$

d'où l'on doit conclure que, plus il y a de denrées concourantes, plus le prix qui s'établit en vertu de la division des monopoles, l'emporte sur celui qui résulterait de la confusion des monopoles ou de l'association des monopoleurs.

58. On pourrait attribuer à la fonction F une forme telle que les courbes représentées par les équations (1) et (2) ne se coupassent point : si, par exemple, l'on posait

$$F(p) = \frac{a}{b + p^2},$$

les équations précitées deviendraient

$$b - m_1^2 p_1^2 + m_2^2 p_2^2 = o \ ,$$
$$b + m_1^2 p_1^2 - m_2^2 p_2^2 = o \ ,$$

et représenteraient deux hyperboles conjuguées (fig. 9), dont les arcs $m_1 n_1$, $m_2 n_2$ ont une asymptote commune, et ne peuvent se rencontrer. Il suffit de remarquer ces singularités d'analyse qui ne peuvent avoir aucune application aux phénomènes réels.

Une autre singularité du même genre se présenterait, si l'on supposait que les racines des équations (1) et (2) déterminent une valeur de p_1, et, par suite, une valeur de D qui surpasse la quantité que l'un ou l'autre producteur peut fournir. Soient Δ la limite que D ne peut dépasser, à cause d'une limitation nécessaire dans la production de l'une des denrées composantes, et π la limite correspondante de p ; en vertu de la relation $D = F(p)$, on aura donc

$$m_1 p_1 + m_2 p_2 > \pi \ ;$$

c'est-à-dire que les variables p_1, p_2 ne pourront être que les coordonnées d'un point situé au-dessus de la droite $h_1 h_2$ (fig. 10), qui aurait pour équation

$$m_1 p_1 + m_2 p_2 = \pi \ ;$$

et, par conséquent, si le point i où se coupent les deux courbes $m_1 n_1$, $m_2 n_2$ tombe au-dessous de la droite $h_1 h_2$, ses coordonnées ne pourront être prises pour les valeurs de $p_1 p_2$. On conclut de là, en s'aidant, au besoin, de la construction graphique déjà indiquée, que les valeurs de p_1, p_2 sont indéterminées, restant assujetties seulement à cette condition, que les points qui auraient les valeurs de ces variables pour coordonnées, tombent sur la portion de droite $k_1 k_2$, interceptée entre les courbes $m_1 n_1$, $m_2 n_2$.

Ce résultat singulier se rapporte à une hypothèse abstraite, de la nature de celles que nous pouvons discuter dans cet essai : il est bien évident que, dans l'ordre des faits réels, et lorsque l'on tient compte de toutes les conditions d'un système économique, il n'y a pas de denrée dont le prix ne soit complètement déterminé.

59. Nous allons maintenant faire entrer en considération les frais de production des deux denrées composantes, que nous représenterons par les fonctions $\varphi_1(D_1)$, $\varphi_2(D_2)$. Les valeurs de p_1, p_2 résulteront alors du système des deux équations

$$(d)\begin{cases} \dfrac{d.\left\{p_1 D_1 - \varphi_1(D_1)\right\}}{dp_1} = o, \\ \dfrac{d.\left\{p_2 D_2 - \varphi_2(D_2)\right\}}{dp_2} = o, \end{cases}$$

qui deviendront, en vertu des équations (a) et (b) :

$$(e_1)\quad F(m_1 p_1 + m_2 p_2) + m_1 F'(m_1 p_1 + m_2 p_2) . \left[p_1 - \varphi'_1(D_1)\right] = o,$$

$$(e_2)\quad F(m_1 p_1 + m_2 p_2) + m_2 F'(m_1 p_1 + m_2 p_2) . \left[p_2 - \varphi'_2(D_2)\right] = o.$$

On en tirera

$$m_1\left[p_1 - \varphi'_1(D_1)\right] = m_2\left[p_2 - \varphi'_2(D_2)\right],$$

ou bien, en vertu de la condition

$$\frac{m_1}{m_2} = \frac{D_1}{D_2},$$

$$D_1\left[p_1 - \varphi'_1(D_1)\right] = D_2\left[p_2 - \varphi'_2(D_2)\right].$$

Il suit de là que, si les fonctions $\varphi'_1(D_1)$, $\varphi'_2(D_2)$ se réduisent à des constantes, les bénéfices nets des deux producteurs concurrents seront égaux. Mais les choses cesseront de se passer de la sorte, dans le cas plus général où les fonctions $\varphi'_1(D_1)$, $\varphi'_2(D_2)$ varieront respectivement avec D_1, D_2. Les bénéfices nets des deux producteurs seront alors exprimés par

$$D_1\left[p_1 - \frac{\varphi_1(D_1)}{D_1}\right],\quad D_2\left[p_2 - \frac{\varphi_2(D_2)}{D_2}\right];$$

de sorte que si l'on a, par exemple,

$$(\varphi'_1 D_1) > \frac{\varphi_1(D_1)}{D_1},\quad \varphi'_2(D_2) < \frac{\varphi_2(D_2)}{D_2},$$

le bénéfice net du producteur (1) l'emportera sur celui du producteur (2).

On déduit encore de l'équation (a) et des équations (e_1) et (e_2):

$$(f)\qquad 2\,F(p) + F'(p)\Big[p - m_1\,\varphi'_1(D_1) - m_2\,\varphi'_2(D_2)\Big] = o,$$

$$m_1 p_1 = \frac{1}{2}\Big[p + m_1 \varphi'_1(D_1) - m_2 \varphi'_2(D_2) \Big] ,$$

$$m_2 p_2 = \frac{1}{2}\Big[p - m_1 \varphi'_1(D_1) + m_2 \varphi'_2(D_2) \Big] .$$

Or, s'il y avait eu confusion des monopoles, l'équation (f) se serait trouvée remplacée par

$$(f') \qquad F(p) + F'(p) \Big[p - m_1 \varphi'_1(D_1) - m_2 \varphi'_2(D_2) \Big] = o .$$

En recourant au tracé graphique qui nous a servi pour des cas analogues, on reconnaîtrait sans difficulté que la racine de l'équation (f) l'emporte sur celle de l'équation (f'), et qu'ainsi la hausse du prix est le résultat de la distinction des monopoles.

60. Nous avons omis jusqu'à présent de tenir compte des frais qu'entraînent la mise en œuvre des matières premières pour la formation de la denrée résultante, ainsi que la transmission de cette denrée résultante au marché de consommation, les taxes dont elle peut être frappée, etc. Or, si nous supposons que ces frais sont proportionnels à la quantité livrée, ce qui est le cas ordinaire, et que la totalité de ces frais, pour chaque unité de la denrée résultante, soit exprimée par la constante h, l'équation (a) se trouvera remplacée par

$$p = m_1 p_1 + m_2 p_2 + h ,$$

et, au lieu de l'équation (f), on aura

$$2\,F(p) + F'(p)\Big[p - h - m_1\,\varphi'_1(D_1) - m_2\,\varphi'_2(D_2)\Big] = o\,.$$

Ainsi, le résultat sera le même que si les frais étaient directement supportés par les producteurs (1) et (2), et si la charge de ces frais était répartie entre eux dans le rapport de m_1 à m_2.

61. Dans une hypothèse moins restreinte que celle que nous avons traitée jusqu'ici, chacune des denrées composantes est susceptible de divers emplois, outre celui de concourir à la formation de la denrée composée. Soient toujours $F(p)$ la demande de la denrée composée, $F_1(p_1)$, $F_2(p_2)$ la demande de la denrée (1) et celle de la denrée (2), pour d'autres emplois que pour celui de concourir à la production de la denrée composée, les valeurs de p_1, p_2 seront encore données par les équations (d), mais on aura

$$D_1 = F_1(p_1) + m_1\,F(m_1 p_1 + m_2 p_2)\ ,$$
$$D_2 = F_2(p_2) + m_2\,F(m_1 p_1 + m_2 p_2)\ ;$$

au moyen de quoi ces équations deviendront :

$$F_1(p_1) + m_1\,F(m_1 p_1 + m_2 p_2) + \Big[F'_1(p_1) + m_1^2\,F'(m_1 p_1 + m_2 p_2)\Big]\Big[p_1 - \varphi'_1(D_1)\Big] = o\ ,$$

$$F_2(p_2) + m_2 F(m_1 p_1 + m_2 p_2) + \Big[F'_2(p_2) + m_2^2 F'(m_1 p_1 + m_2 p_2)\Big]\Big[p_2 - \varphi'_2(D_2)\Big] = o\,.$$

Elles paraissent alors trop compliquées pour qu'il soit aisé d'en déduire des conséquences générales : aussi, sans nous y arrêter davantage, nous passerons à un cas beaucoup plus important dans l'application, et qui peut être facilement traité avec toute la généralité désirable ; celui où chacune des deux denrées concourantes est produite sous l'influence d'une concurrence indéfinie.

62. On a alors, d'après la théorie exposée au chapitre 8, deux séries d'équations :

$$(a_1)\begin{cases} p_1 - \overline{\varphi}'_1\,\overline{D}_1 = o\,, \\ p_1 - \varphi'_2\,\overline{D}_2 = o\,, \\ \dots\dots\dots \\ p_1 - \overline{\varphi}'_n\,\overline{D}_n = o\,; \end{cases} \qquad (a_2)\begin{cases} p_2 - \overline{\overline{\varphi}}'_1\,\overline{\overline{D}}_1 = o\,, \\ p_2 - \overline{\overline{\varphi}}'_2\,\overline{\overline{D}}_2 = o\,, \\ \dots\dots\dots \\ p_2 - \overline{\overline{\varphi}}'_{n'}\,\overline{\overline{D}}'_{n'} = o\,. \end{cases}$$

Nous surmontons les lettres φ, D, d'une ou de deux barres horizontales, selon qu'elles se rapportent à la denrée (1) ou à la denrée (2) ; les indices dont ces lettres sont affectées, servent à distinguer les producteurs dans chacune des deux séries.

On doit joindre aux équations (a_1), (a_2) les deux équations :

$$(b_1) \quad \overline{D}_1 + D_2 + \dots + \overline{D}_n = F_1(p_1) + m_1 F(m_1 p_1 + m_2 p_2)\,,$$

$$(b_2) \quad \overline{\overline{D}}_1 + \overline{\overline{D}}_2 + \ldots\ldots + \overline{\overline{D}}_{n'} = F_2\,(p_2) + m_2\,F\,(m_1\,p_1 + m_2\,p_2)\,.$$

Si l'on tire des équations (a_1), (a_2) les valeurs en fonctions de p de $\overline{D}_1$, $\overline{D}_2$ ... $\overline{\overline{D}}_1$, $\overline{\overline{D}}_2$, ..., les équations (b_1) et (b_2) prendront la forme

$$(3) \quad \Omega_1\,(p_1) = F_1\,(p_1) + m_1\,F\,(m_1\,p_1 + m_2\,p_2),$$

$$(4) \quad \Omega_2\,(p_2) = F_2\,(p_2) + m_2\,F\,(m_1\,p_1 + m_2\,p_2),$$

$\Omega_1\,(p_1)$ désignant une fonction de p_1 qui croît avec p_1, et $\Omega_2\,(p_2)$ une autre fonction de p_2, qui croît avec p_2.

Supposons que la production de la denrée (1) supporte un accroissement de frais u, tel que celui qui proviendrait d'une taxe fixe, les valeurs p_1, p_2, qui, avant l'accroissement de frais, étaient déterminées par les équations (3) et (4), deviendront $p_1 + \delta_1$, $p_2 + \delta_2$; et l'on aura pour déterminer δ_1, δ_2, les équations

$$(5) \quad \Omega_1\,(p_1 + \delta_1 - u) = F_1\,(p_1 + \delta_1) + m_1\,F\,(m_1\,p_1 + m_2\,p_2 + m_1\,\delta_1 + m_2\,\delta_2)\,,$$

$$(6) \quad \Omega_2\,(p_2 + \delta_2) = F_2\,(p_2 + \delta_2) + m_2\,F\,(m_1\,p_1 + m_2\,p_2 + m_1\,\delta_1 + m_2\,\delta_2)\,.$$

Si maintenant on admet que u, δ_1, δ_2 sont, par rapport à p_1, p_2, des fractions dont il est permis de ne retenir dans les calculs que les premières puissances, les équations (5) et (6) deviendront, en ayant égard aux équations (3) et (4) :

$$\delta_1 \left\{ \Omega'_1 (p_1) - F'_1 (p_1) - m_1^2 \, F' (m_1 \, p_1 + m_2 \, p_2) \right\}$$
$$- \delta_2 \, m_1 \, m_2 \, F' (m_1 \, p_1 + m_2 \, p_2) = u \, \Omega'_1 (p_1) \, ,$$
$$- \delta_1 \, m_1 \, m_2 \, F' (m_1 \, p_1 + m_2 \, p_2) + \delta_2 \left\{ \Omega'_2 (p_2) \right.$$
$$\left. - F'_2 (p_2) - m_2^2 \, F' (m_1 \, p_1 + m_2 \, p_2) \right\} = o \, .$$

Pour simplifier la notation, nous écrirons Ω'_1 au lieu de $\Omega'_1 (p_1)$, F' au lieu de $F' (m_1 \, p_1 + m_2 \, p_2)$, et ainsi de suite. Enfin nous poserons

$$Q = \Omega'_1 \, \Omega'_2 - \Omega'_1 \, F'_2 - \Omega'_2 \, F'_1 - m_2^2 \, F' \, \Omega'_1$$
$$- m_1^2 \, F' \, \Omega'_2 + F'_1 \, F'_2 + m_1^2 \, F' \, F'_2 + m_2^2 \, F' \, F'_1 \; ;$$

et d'après cela on tirera des deux équations qui précèdent :

$$(7) \qquad \delta_1 = \frac{u}{Q} \cdot (\Omega'_1 \, \Omega'_2 - \Omega'_1 \, F'_2 - m_2^2 \, F' \, \Omega'_1) ,$$

$$(8) \qquad \delta_2 = \frac{u}{Q} \cdot m_1 \, m_2 \, \Omega'_1 \, F' \; .$$

Maintenant, si l'on remarque que les quantités Ω'_1, Ω'_2 sont essentiellement positives, tandis que les quantités F', F'_1, F'_2 sont essentiellement négatives, l'inspection des valeurs de δ_1, δ_2, permettra de reconnaître les résultats suivants:

1° δ_1 est de même signe que u ; car $\frac{\delta_1}{u}$ est égal à une fraction dont le numérateur et le dénominateur ont tous leurs termes positifs.

2° δ_1 est plus petit que u ; car le dénominateur de la fraction susdite comprend tous les termes du numérateur, et en outre une somme de termes tous positifs.

3° δ_2 est de signe contraire à δ_1 ; car le dénominateur de la fraction $\frac{\delta_1}{u}$ est le même que celui de la fraction $\frac{\delta_2}{u}$, et le numérateur de la première fraction est une quantité négative.

Quoique nous n'ayons obtenu ces résultats qu'en supposant u, δ_1, δ_2 très petits par rapport à p_1, p_2, il est facile de voir qu'on peut s'affranchir de cette restriction, en supposant qu'un accroissement quelconque de frais a lieu par une succession d'accroissements très petits. Les signes des quantités Ω', F' ne changeant pas, dans le passage d'un état à l'autre, les relations que l'on vient de trouver entre les éléments des variations u, δ_1, δ_2, ont aussi lieu entre les sommes de ces éléments (art. 32).

En conséquence, tout accroissement de frais dans la production de la denrée (1), fera hausser le prix de cette denrée, de manière néanmoins que la hausse soit moindre que l'accroissement de frais, et en même temps la denrée (2) baissera de prix.

On pourrait s'assurer de la nécessité de tous ces résultats par des raisonnements indépendants des calculs qui précèdent. Si la denrée (1), frappée de l'augmentation de frais, ne haussait pas de prix, les producteurs, pour n'être pas en perte, seraient obligés de restreindre leur production, et il est impossible que, la quantité livrée diminuant, le prix ne hausse pas. Il faut donc que la denrée hausse, et qu'elle hausse d'une quantité moindre que l'accroissement de frais, sans quoi les producteurs n'auraient aucune raison de restreindre leur production. Enfin, puisqu'il se fait une moindre consommation de la denrée (1), tant pour la formation de la denrée composée que pour tout autre emploi, il doit se faire aussi une moindre consommation ou production de la denrée (2); et comme celle-ci ne supporte pas d'accroissement dans ses frais de production, la restriction de la production ne peut être pour cette denrée que la conséquence d'une diminution dans le prix.

La variation du prix de la denrée composée, résultant des variations de signes contraires δ_1, δ_2, dans les prix des denrées composantes, est égale à $m_1 \delta_1 + m_2 \delta_2$, et l'on a, d'après les équations (7) et (8):

$$m_1 \delta_1 + m_2 \delta_2 = m_1 u \cdot \frac{\Omega'_1 (\Omega'_2 - F'_2)}{Q}$$

Il résulte de cette expression, que la variation du prix de la denrée composée est de même signe que u et δ_1, et moindre que $m_1 u$, ce qui doit être, à cause de l'abaissement de prix de la denrée (2).

En supposant un nombre quelconque de denrées concourantes, on démontrerait de la même manière, et par des calculs qui n'auraient d'embarrassant que leur longueur, 1° que l'accroissement de frais survenu dans la production de l'une des denrées, fait hausser le prix de cette denrée et celui de la denrée composée, en amenant une baisse dans les prix de toutes les autres denrées composantes; 2° que la hausse de prix de la denrée frappée est moindre que l'accroissement de frais ou que la taxe qui la frappe.

63. Considérons maintenant le cas où l'accroissement de frais u frappe immédiatement la denrée composée, soit qu'il s'agisse d'une taxe fixe assise sur cette denrée, ou d'un accroissement survenu dans les frais qu'entraîne la transmission de la denrée aux consommateurs : les équations (3) et (4) seront remplacées par

$$\Omega_1(p_1+\delta_1)=F_1(p_1+\delta_1)+m_1 F(m_1 p_1 + m_2 p_2 + m_1\delta_1 + m_2\delta_2 + u),$$

$$\Omega_2(p_2+\delta_2)=F_2(p_2+\delta_2)+m_2 F(m_1 p_1 + m_2 p_2 + m_1\delta_1 + m_2\delta_2 + u);$$

et celles-ci, étant traitées comme les équations (5) et (6), donneront

$$\delta_1\Omega'_1=\delta_1 F'_1+m_1^2\delta_1 F'+m_1 m_2\delta_2 F'+m_1 u F',$$

$$\delta_2 \Omega'_2 = \delta_2 F'_1 + m_1 m_2 \delta_1 F' + m_2^2 \delta_2 F' + m_2 u F' \;;$$

d'où l'on tire :

$$\delta_1 = \frac{u\, m_1\, F' \, (\Omega'_2 - F'_2)}{Q} \,,$$

$$\delta_2 = \frac{u\, m_2\, F' \, (\Omega'_1 - F'_1)}{Q} \,,$$

la composition du polynome désigné par Q étant la même que dans l'article précédent.

On en conclut facilement, en continuant d'avoir égard aux signes des quantités Ω', F' :

1° que δ_1 et δ_2 sont l'un et l'autre de signe contraire à u ;

2° que la quantité $m_1 \delta_1 + m_2 \delta_2$ est numériquement inférieure à u.

Les variations δ_1, δ_2 des prix des denrées composantes sont d'ailleurs liées entre elles par cette relation très simple :

$$\frac{\delta_1}{\delta_2} = \frac{m_1 \, (\Omega'_2 - F'_2)}{m_2 \, (\Omega'_1 - F'_1)} \,,$$

laquelle est indépendante de la fonction F. En conséquence, tout accroissement de frais ou toute taxe qui viendra à frapper la denrée composée, fera baisser le prix des denrées composantes, et en même temps fera hausser le prix de la denrée composée, mais d'une quantité plus petite que u; puisque cette hausse de prix sera exprimée par

$$u \qquad m_1 \delta_1 + m_2 \delta_2 ,$$

et que la quantité $m_1 \delta_1 + m_2 \delta_2$ est à la fois, comme on vient de le voir, numériquement plus petite que u, et opposée de signe.

Ces résultats, que l'on peut facilement généraliser, quels que soient le nombre et l'espèce des denrées composantes, pourvu qu'elles se produisent sous l'influence d'une concurrence indéfinie, méritent d'être pris en considération, et ont toute la certitude des théorêmes mathématiques, sans qu'on doive, pour cela, les exclure du nombre des vérités pratiques.

64. Passons au cas où la denrée (2) serait limitée dans sa production, en sorte que la valeur de p_2 tirée des équations (3) et (4) correspondrait à une demande de cette denrée à laquelle les producteurs ne peuvent satisfaire. En désignant par Δ_2 la limite de la production, les valeurs de p_1, p_2 seraient déterminées par le système d'équations

$$\Omega_1 (p_1) = F_1 (p_1) + m_1 F (m_1 p_1 + m_2 p_2) ,$$
$$\Delta_2 = F_2 (p_2) + m_2 F (m_1 p_1 + m_2 p_2) .$$

Dans cet état, si l'on suppose que la denrée (2) vienne à supporter une taxe ou un accroissement de frais de production, désigné par u, il n'y aura rien de changé aux équations qui déterminent les valeurs de p_1, p_2; par conséquent, ces valeurs resteront les mêmes, et l'accroissement de frais sera supporté intégralement par les producteurs (2), sans qu'il en résulte de dommage pour les consommateurs des denrées composantes et de la denrée résultante.

Si la taxe u pèse sur la denrée (1), les prix anciens p_1, p_2, varieront tous les deux, et pourront être représentés par $p_1 + \delta_1$, $p_2 + \delta_2$. Les équations (5) et (6) s'appliqueront à ce cas, en remplaçant dans la seconde de ces équations la fonction $\Omega_2 (p_2 + \delta_2)$ par la constante Δ_2, ce qui revient à supposer nulle la dérivée Ω'_2 dans les formules qui s'en déduisent. On aura ainsi, pour l'hypothèse où les variations u, δ_1, δ_2 pourraient être traitées comme des quantités très petites :

$$\delta_1 = \frac{-u\,\Omega'_1 (F'_2 + m_2^2\,F')}{R},$$

$$\delta_2 = \frac{u m_1\, m_2\, \Omega'_1\, F'}{R},$$

$$\frac{\delta_1}{\delta_2} = -\frac{F'_2 + m_2^2\,F'}{m_1\, m_2\, F'},$$

$$m_1\,\delta_1 + m_2\,\delta_2 = \frac{-u m_1\,\Omega'_1\, F'_2}{R};$$

la composition du polynome R étant donnée par l'équation auxiliaire

$$R = -\Omega'_1 (F'_2 + m_2^2\,F') + F'_1\,F'_2 + m_1^2\,F'\,F'_2 + m_2^2\,F'\,F'_1.$$

On tire de là les conséquences suivantes qui s'étendent à des valeurs quelconques des variations u , δ_1 , δ_2 :

1° δ_1 est de même signe que u , et numériquement plus petit ; la denrée frappée de la taxe augmente de prix, mais d'une quantité moindre que la taxe, en sorte qu'il y a diminution dans la quantité produite, et dans le revenu des producteurs ;

2° δ_2 est de signe contraire à u , en sorte que la denrée qui n'est pas directement frappée de la taxe, baisse de prix, au détriment des producteurs de cette denrée, et quoique la quantité produite ne varie pas ;

3° $m_1 \delta_1 + m_2 \delta_2$ est de même signe que u : ainsi la denrée composée hausse de prix, la hausse de la denrée taxée directement faisant plus que compenser la baisse de l'autre denrée.

On trouverait de la même manière que les prix des deux denrées composantes doivent hausser, si la taxe ou l'accroissement de frais porte sur la denrée résultante.

65. Maintenant supposons que, sans qu'il survienne de variation dans les frais de production, la limite Δ_2 change par une cause quelconque, et devienne $\Delta_2 + v_2$. En traitant d'abord, selon notre méthode, la variation v_2 , et les variations δ_1 , δ_2 , qui en résultent, comme des quantités très petites, on aura :

$$\delta_1 = v_2 \cdot \frac{-m_1 m_2 F'}{R},$$

$$\delta_2 = \upsilon_2 \cdot \frac{-(\Omega'_1 - F'_1 - m_1^2 F')}{R},$$

$$m_1 \delta_1 + m_2 \delta_2 = \upsilon_2 \frac{-m_2 (\Omega'_1 - F'_1)}{R},$$

De là on conclut que, quelle que soit l'étendue des variations, l'élévation de la limite Δ_2 fait baisser le prix de la denrée (2), et hausser, mais dans une proportion moindre, le prix de la denrée (1), de manière à amener la baisse du prix de la denrée résultante.

CHAPITRE X.

De la communication des marchés.

66. Le perfectionnement du commerce et des moyens de transport, l'abolition des lois prohibitives ou des taxes restrictives peuvent mettre en communication des marchés qui étaient auparavant isolés l'un de l'autre, ou d'une manière complète, ou seulement à l'égard de certaines denrées : l'objet de ce chapitre est d'étudier les principales conséquences que peut entraîner l'établissement d'une semblable communication.

Il est évident qu'une denrée susceptible de transport doit s'écouler du marché où sa valeur est moindre, au marché où sa valeur est plus grande, jusqu'à ce que la différence de valeur, d'un marché à l'autre, ne représente plus que le coût du transport.

Par le coût du transport il faut entendre, non seulement le prix des fournitures et les salaires des agents par lesquels le transport est mécaniquement opéré, mais les primes d'assurance et les bénéfices du commerçant, qui doit retrouver dans ce négoce l'intérêt de ses capitaux engagés et une rétribution convenable de son industrie.

Pour comparer les valeurs de la denrée sur les deux marchés, il faut avoir égard, non seulement aux prix monétaires de cette denrée, mais au cours du change entre les marchés, ou, pour employer le langage technique, entre les deux *places*, qui peuvent être regardées respectivement comme les métropoles commerciales des marchés dont il s'agit. En prenant, par exemple, pour unité de valeur la valeur du gramme d'argent sur le marché A, il faudra multiplier la valeur de la denrée en grammes d'argent sur le marché B, par le coefficient du change de A en B, (chap. 3); et si cette valeur réduite, ajoutée aux frais du transport, donne une somme moindre que la valeur en grammes d'argent de la denrée sur le marché A, alors seulement le transport de la denrée devra s'effectuer de B en A.

67. Ce serait un problème compliqué, et en même temps de fort peu d'intérêt pour la théorie commerciale, que de déterminer l'influence de la communication des marchés sur le prix d'une denrée qui serait l'objet d'un monopole, tant sur le marché d'importation que sur celui d'exportation. On conçoit que, dans une telle hypothèse, les effets de la concurrence se combineraient avec ceux qui résultent proprement de la communication des marchés; et il est plus simple, comme aussi plus important, d'envisager directement le cas où les effets du monopole sont éteints, où la production de la denrée sur les deux marchés est régie par les lois de la concurrence indéfinie.

Il est clair que, dans ce cas, la production devant toujours augmenter sur le marché d'exportation, le prix de la denrée y sera plus élevé qu'avant l'écoulement ; et réciproquement, puisque le prix doit baisser sur le marché d'importation, la quantité produite y sera moindre.

Avant la communication, les prix p_a, p_b sur chacun des marchés A et B, étaient déterminés par des équations de la forme

$$(1) \left\{ \begin{array}{l} \Omega_a(p_a) = F_a(p_a), \\ \Omega_b(p_b) = F_b(p_b); \end{array} \right.$$

les caractéristiques F, Ω ayant la signification qui leur a été attribuée dans le chapitre 8, et les lettres placées en indices au bas de ces caractéristiques, servant à distinguer les fonctions qui se rapportent au marché A, de celles qui sont relatives au marché B.

Après la communication, ces deux équations sont remplacées par la suivante :

$$(2) \quad \Omega_a(p'_a) + \Omega_b(p'_a + \varepsilon) = F_a(p'_a) + F_b(p'_a + \varepsilon),$$

p'_a désignant le prix sur le marché d'exportation A, et ε le coût du transport de A en B.

68. Une des questions intéressantes que l'on peut se proposer, est celle de savoir si la communication des marchés accroît toujours la production totale, c'est-à-dire, analytiquement, si l'on a, dans tous les cas,

$$(3) \quad F_a(p'_a) + F_b(p'_a + \varepsilon) > F_a(p_a) + F_b(p_b).$$

Pour résoudre négativement cette question, il suffira

de considérer un cas particulier, qui rend la comparaison des équations (1) et (2) plus facile, celui où les quantités p_a, p_b, p'_a ne diffèrent que de quantités assez petites pour qu'on puisse, dans un calcul approché, négliger les carrés et les puissances supérieures de ces différences.

Soit donc

$$p'_a = p_a + \delta, \; p_b = p_a + \omega,$$

d'où

$$p'_a + \varepsilon = p_b + \delta + \varepsilon - \omega;$$

on doit supposer $\omega > \varepsilon$, sans quoi l'établissement de la communication ne déterminerait pas un écoulement de A en B.

En appliquant à l'équation (2) la méthode de substitution, de développement et de réduction dont nous avons déjà donné beaucoup d'exemples, cette équation deviendra

$$(4) \; \delta \left\{ \Omega'_a(p_a) - F'_a(p_a) \right\} = (\delta + \varepsilon - \omega) \left\{ F'_b(p_b) - \Omega'_b(p_b) \right\};$$

et d'après les signes qui affectent essentiellement les fonctions F', Ω', il est aisé d'en conclure :

1o Que δ est de même signe que $\omega - \varepsilon$, et par conséquent positif;

2o Que l'on a $\delta < \omega - \varepsilon$; ce qui résulte d'ailleurs bien évidemment de ce que la communication doit élever le prix de la denrée sur le marché exportant, et l'abaisser sur le marché où l'on importe.

Maintenant l'inégalité (3) devient, après qu'on a substitué pour p'_a, $p'_a + \varepsilon$ leurs valeurs, et fait les réductions :

$$\delta \,.\, F'(p_a) + (\delta + \varepsilon - \omega)\, F'_b(p_b) > o \,.$$

Si l'on tire de l'équation (4) la valeur de $\delta + \varepsilon - \omega$, et qu'on supprime le facteur commun δ qui est positif, l'inégalité précédente deviendra

$$F'_a(p_a) + \frac{F'_b(p_b)\left\{ \Omega'_a(p_a) - F'_a(p_a) \right\}}{F'_b(p_b) - \Omega'_b(p_b)} > o \,,$$

ou plus simplement, en chassant le dénominateur et changeant le signe de l'inégalité, à cause que ce dénominateur est négatif,

$$(5)\quad F'_b(p_b) \,.\, \Omega'_a(p_a) - F'_a(p_a) \,.\, \Omega'_b(p_b) < o \,.$$

Il est clair que cette dernière inégalité, et par conséquent l'inégalité (3), peuvent être ou non satisfaites, selon les relations numériques des fonctions F', Ω'.

Donc il n'y a aucune contradiction à admettre que la communication des marchés diminue la production totale.

Et réciproquement, l'isolement des marchés peut être une cause qui augmente la quantité d'une denrée livrée à la consommation. Nous n'entendons ici que constater ce fait, sans prétendre, ce qui serait absurde, contredire l'opinion que l'on se forme généralement, des avantages que procure au corps social l'amélioration des voies de communication ou l'extension des marchés. Cette question sera plus loin l'objet d'une discussion complète.

Il est bon de remarquer que, pour que les formules d'approximation dont nous venons de faire usage soient applicables, il n'est pas nécessaire que les quantités ω, ε soient très-petites par rapport aux prix originaires p_a, p_b : il suffit que les différences δ, $\omega - \varepsilon$ soient très-petites par rapport à p_a.

69. Non seulement la quantité produite, mais encore la valeur totale de la quantité produite peut, selon les cas, augmenter ou diminuer par suite de la communication des marchés. En effet, si l'on admet, ce qui n'implique aucune contradiction, que la valeur p_a soit supérieure à la valeur de p, qui rendrait la fonction $p\,F_a(p)$ un maximum, et au contraire, que la valeur p_b soit inférieure à celle de p, qui rendrait un maximum la fonction $p\,F_b(p)$, comme on a

$$p'_a > p_a\,,\; p'_a + \varepsilon < p_b\,,$$

on aura aussi, d'après la marche des fonctions,

$$p'_a\,F_a(p'_a) < p_a\,F_a(p_a)\,,$$
$$(p'_a + \varepsilon)\,F_b(p'_a + \varepsilon) < p_b\,F_b(p_b)\,,$$

et *à fortiori*,

$$p'_a \, F_a(p'_a) + (p'_a + \varepsilon) \, F_b(p'_a + \varepsilon) < p_a \, F_a(p_a) + p_b \, F_b(p_b).$$

En général, l'inégalité précédente sera ou ne sera pas satisfaite, selon les relations numériques des quantités qui entrent dans l'inégalité.

70. Une taxe à l'importation ou à l'exportation produira les mêmes effets qu'un accroissement dans les frais de transport, égal au montant de la taxe. Désignons simplement par p le prix de la denrée qui s'était établi sur le marché d'exportation avant la taxe, ou la racine de l'équation

$$\Omega_a(p) + \Omega_b(p + \varepsilon) = F_a(p) + F_b(p + \varepsilon);$$

soit u la taxe que nous supposerons d'abord être un nombre très-petit par rapport à p et $p + \varepsilon$, $p' = p + \delta$ la valeur de p qui s'établit consécutivement à la taxe; le développement de l'équation

$$\Omega_a(p + \delta) + \Omega_b(p + \delta + \varepsilon + u) = F_a(p + \delta) + F_b(p + \delta + \varepsilon + u),$$

dans lequel nous ne retiendrons que les premières puissances des variations δ, u, nous donnera :

$$(6)\left\{\begin{aligned} \delta &= -(\varepsilon + u) \cdot \frac{\Omega'_b(p) - F'_b(p)}{\Omega'_a(p) - F'_a(p) + \Omega'_b(p) - F'_b(p)}, \\ \delta + u &= \frac{u\left[\Omega'_a(p) - F'_a(p)\right] - \varepsilon\left[\Omega'_b(p) - F'_b(p)\right]}{\Omega'_a(p) - F'_a(p) + \Omega'_b(p) - F'_b(p)}. \end{aligned}\right.$$

On tire de ces expressions les conclusions suivantes :

1° δ sera une quantité négative et numériquement plus petite que $\varepsilon + u$, c'est-à-dire que la taxe fera toujours baisser la denrée sur le marché d'exportation, d'une quantité qui pourra être plus grande que la taxe même, mais qui sera toujours plus petite que la somme des frais de transport et de la taxe. Toutes choses égales d'ailleurs, plus les frais de transport seront considérables, plus la taxe affectera le prix de la denrée sur le marché d'exportation.

2° $\delta + u$ sera une quantité positive ou négative, selon que l'on aura

$$\frac{u}{\varepsilon} \gtrless \frac{\Omega'_b(p) - F'_b(p)}{\Omega'_a(p) - F'_a(p)},$$

et par conséquent la taxe pourra, suivant les cas, faire hausser ou baisser la denrée sur le marché d'importation. Dans l'ignorance où l'on est communément des relations numériques qui subsistent entre les quantités Ω'_a, Ω'_b, F'_a, F'_b, il y aura plus de chances pour la hausse, si la taxe l'emporte sur les frais de transport, et au contraire plus de chances de baisse, si les frais de transport l'emportent sur la taxe.

Pour passer de l'hypothèse de la taxe à l'hypothèse d'une prime accordée, soit à l'exportation, soit à l'importation, il suffit d'admettre que dans les équations (6) la quantité u est négative ; et alors on doit distinguer deux cas, selon que u est une quantité numériquement plus petite ou plus grande que ε, c'est-à-dire, selon que le taux de la prime est au-dessous ou au-dessus des frais de transport.

Dans le premier cas, δ est encore une quantité négative, numériquement plus petite que la différence entre les frais de transport et la prime. La denrée baisse, tant sur le marché d'exportation que sur le marché d'importation.

Dans le second cas, la prime fait hausser la denrée sur le marché d'importation, d'une quantité plus petite que l'excès de la prime sur les frais de transport, et elle fait toujours baisser la denrée sur le marché d'importation.

71. En résumé, la taxe abaisse toujours le prix sur le marché d'exportation, et peut, selon les cas, l'abaisser ou l'élever sur le marché d'importation; inversement, la prime abaisse toujours le prix sur le marché d'importation, et peut, selon les cas, l'abaisser ou l'élever sur le marché d'exportation.

Renfermée dans cet énoncé, la proposition subsiste pour des valeurs quelconques de p, ε, u, sans qu'on ait besoin de s'astreindre à traiter la variation u comme une quantité très-petite. Pour le faire voir, il suffit d'employer le tour de raisonnement dont nous avons fait usage dans l'article 32.

Il est indifférent d'ailleurs, pour la fixation des prix, pour les intérêts des producteurs et des consommateurs des deux marchés, que la perception de la taxe ou l'allocation de la prime aient lieu à la sortie de la denrée du territoire A, ou à son entrée sur le territoire B ; quoique cela soit d'une grande importance pour les intérêts fiscaux des gouvernements dont ces territoires relèvent respectivement.

Inutile de faire observer qu'un accroissement quelconque dans les frais de transport agirait à la manière d'une taxe, et une diminution quelconque dans ces frais, à la manière d'une prime.

72. Il arrive quelquefois qu'une denrée étant frappée d'une taxe dans l'intérieur du pays où elle est produite, le gouvernement, pour en favoriser l'exportation, rembourse ou restitue le montant du droit au négociant qui l'exporte. Pour apprécier les résultats de cette combinaison, observons que si le prix p de la denrée, sur le marché d'exportation, était déterminé, avant l'établissement de la taxe, par l'équation

$$\Omega_a(p) + \Omega_b(p+\varepsilon) = F_a(p) + F_b(p+\varepsilon),$$

l'établissement de la taxe u, sans restitution de droit à l'exportation, entraînerait un nouveau prix p', donné par l'équation

$$\Omega_a(p'-u) + \Omega_b(p'+\varepsilon) = F_a(p') + F_b(p'+\varepsilon);$$

enfin, si p'' est le prix qui s'établit sur le marché d'exportation, par suite de la restitution du droit, combinée avec la taxe, p'' sera la racine de l'équation

$$\Omega_a(p''-u) + \Omega_b(p''+\varepsilon-u) = F_a(p'') + F_b(p''+\varepsilon-u).$$

Soit $p'' = p + \delta$, et négligeons les carrés de δ, u; cette dernière équation donnera

$$(7)\quad \delta = u \cdot \frac{\Omega'_a(p) + \Omega'_b(p+\varepsilon) - F'_b(p+\varepsilon)}{\Omega'_a(p) + \Omega'_b(p+\varepsilon) - F'_a(p) - F'_b(p+\varepsilon)} \,.$$

Il suit de là que δ est de même signe que u, et numériquement plus petit; en sorte que la combinaison de la taxe avec la restitution de droit fait hausser la denrée sur le marché d'exportation, et la fait baisser sur le marché d'importation. Ce double résultat ne peut être atteint sans que la masse des exportations s'accroisse, et en effet, la quantité exportée ayant pour expression, comme il est facile de le voir,

$$\Omega_a(p) - F_a(p) \,,$$

deviendra, après la variation de prix résultant de la combinaison indiquée,

$$\Omega_a(p + \delta - u) - F_a(p + \delta) \,.$$

Il faut donc prouver que l'on a

$$\Omega_a(p + \delta - u) - F_a(p + \delta) > \Omega_a(p) - F_a(p) \,,$$

ou bien, en développant et négligeant les carrés de δ, u,

$$(\delta - u) \cdot \Omega'_a(p) - \delta \cdot F'_a(p) > o \,.$$

En substituant la valeur de δ en u, donnée par l'équation (7), et supprimant les facteurs communs, avec l'attention de changer le signe d'inégalité, lorsque les facteurs supprimés sont négatifs, cette inégalité deviendra

$$-\Omega'_b(p+\varepsilon)+F'_b(p+\varepsilon)<o,$$

qui est évidemment satisfaite, à cause des signes des fonctions Ω', F'.

Ces résultats s'étendent à des valeurs quelconques de δ, u.

73. Dans toutes les formules de ce chapitre il suffirait de faire $\Omega'_a=o$, ou $\Omega'_b=o$, si la quantité produite sur le marché A ou sur le marché B devait rester constante, en vertu des circonstances de la production.

CHAPITRE XI.

Du revenu social.

74. Nous avons examiné jusqu'ici comment la loi de la demande, pour chaque denrée en particulier, combinée avec les circonstances de la production de cette denrée, en déterminait le prix et réglait les revenus des producteurs : nous regardions comme des quantités données et invariables les prix des autres denrées et les revenus des autres producteurs; mais, en réalité, le système économique est un ensemble dont toutes les parties se tiennent et réagissent les unes sur les autres. L'accroissement de revenu des producteurs de la denrée A influera sur la demande des denrées B, C, etc., sur les revenus des producteurs de ces denrées, ce qui entraînera par contre-coup un changement dans la demande de la denrée A. Il semble donc que dans la solution complète et rigoureuse des problèmes relatifs à quelques parties du système économique, on ne puisse se dispenser d'embrasser le système tout entier. Or ceci surpasserait les forces de l'analyse mathématique et de nos méthodes pratiques de calcul, quand même toutes les valeurs des constantes pourraient être numériquement assignées. L'objet de ce chapitre et du suivant est de montrer jusqu'à quel point on peut, en se tenant dans un certain ordre d'approximation, éluder cette difficulté, et faire encore avec le secours des signes mathématiques une analyse utile des questions les plus générales que ce sujet fait naître.

Nous entendrons par *revenu social* la somme, non-seulement des revenus proprement dits, qui appartiennent aux membres de la société en leur qualité de propriétaires fonciers ou de capitalistes, mais encore des salaires et des profits annuels qui leur reviennent, en leur qualité de travailleurs et d'agents industrieux. Nous y comprendrons également la somme annuelle des salaires au moyen desquels les particuliers ou l'Etat entretiennent ces classes d'hommes que les écrivains économistes ont qualifiées d'*improductives*, parce que le produit de leur travail n'est pas quelque chose de matériel ni de commerçable. L'usage permettrait sans doute de prendre les mêmes mots dans une acception différente; mais nous croyons que la définition qui vient d'être donnée est plus propre que toute autre à diriger le raisonnement dans la voie des déductions précises et des conséquences applicables.

Lorsqu'une denrée est livrée à la consommation, on doit retrouver dans le prix pour lequel elle est vendue, les parts afférentes aux rentes des propriétaires et des capitalistes qui ont fourni les matières premières et les instruments pour les mettre en œuvre, les profits et les salaires des divers agents industrieux qui ont concouru à la produire et à l'apporter au marché. Tous les éléments dans lesquels ce prix se décompose, se distribuent dans diverses branches du revenu social. Par conséquent, si p désigne le prix de l'unité de denrée, et D le nombre d'unités livrées annuellement à la consommation, le produit pD exprimera la somme pour laquelle cette denrée concourt à la formation du revenu social.

Donc cette part du revenu augmentera ou diminuera, par suite des variations survenues dans le prix et dans la consommation de la denrée, selon que le produit pD augmentera ou diminuera; et elle sera la plus grande possible quand le produit pD ou $pF(p)$ atteindra sa valeur maximum.

75. Désignons par p_0, p_1 deux valeurs différentes de p, et par D_0, D_1 les valeurs correspondantes de D. Admettons de plus, pour fixer les idées, que l'on ait

$$p_1 > p_0\,,\quad p_1 D_1 < p_0 D_0\,,$$

de sorte que le renchérissement de la denrée ait entraîné une diminution dans le revenu social, ou du moins dans la portion pD de ce revenu.

Cette diminution de revenu se répartira diversement, selon les cas, entre les différents producteurs qui coopèrent, par la prestation de leurs fonds productifs ou par leur travail personnel, à la création de la denrée.

Par cela même qu'ils ont moins de revenus, ils disposent de moins de fonds pour leurs propres consommations, ce qui peut influer sur la demande des autres denrées, diminuer les revenus de plusieurs autres classes de producteurs, et opérer par contre-coup une nouvelle diminution dans le revenu social. Il importe de se faire une juste idée de cette réaction, laquelle, envisagée vaguement, semblerait n'avoir pas de limite.

Par suite du renchérissement de la denrée dont le prix a passé de la valeur p_0 à la valeur p_1, ceux des consommateurs qui ont continué d'acheter la denrée malgré le renchérissement, ont été obligés de distraire de la consommation des autres denrées, pour l'appliquer à la demande de la denrée renchérie, une somme égale à . . . . $(p_1 - p_0)\,D_1$.

Au contraire, ceux des consommateurs que le renchérissement a détournés de demander la denrée qu'ils consommaient auparavant, ont pu disposer pour d'autres demandes d'une portion de leurs revenus égale à . . . . $p_0\,(D_0 - D_1)$.

En retranchant la première valeur de la seconde on a pour reste. . . $p_0\,D_0 - p_1\,D_1$, c'est-à-dire, comme cela doit être, une somme précisément égale à celle dont a diminué le revenu des producteurs de la denrée renchérie.

Ainsi, lorsque l'on considère *in globo* les producteurs et les consommateurs de la denrée dont il s'agit, on trouve que le même fonds annuel reste disponible pour la demande de la totalité des autres denrées. On conçoit dès-lors la possibilité que ce fonds se répartisse de manière à ce que la demande pour chacune de ces denrées soit précisément la même qu'auparavant; de manière, par conséquent, à ce qu'il ne survienne aucune variation dans le système des prix (moins le prix de la denrée renchérie), ni dans le système des revenus (moins les revenus des producteurs qui concourent par la prestation de leurs fonds productifs ou par leur industrie personnelle à la production de la denrée renchérie).

76. A la vérité, cette exacte répartition n'est pas naturellement admissible, et il doit arriver au contraire, en général, qu'une perturbation éprouvée par un élément du système se fasse ressentir de proche en proche et par contre-coup dans le système tout entier. Cependant, puisque la variation survenue dans le prix de la denrée A et dans les revenus des producteurs de cette denrée laisse intacte la totalité des fonds applicables à la demande des autres denrées B, C, D, E, etc., on conçoit que la somme détournée, par hypothèse, de la denrée B, en vertu de la nouvelle direction des demandes, serait nécessairement appliquée à la demande de l'une ou de plusieurs des denrées C, D, E, etc. Rigoureusement parlant, cette perturbation du second ordre, survenue dans les revenus des producteurs B, C, D, etc, réagirait à son tour sur le système, jusqu'à ce qu'un nouvel équilibre se fût établi; mais, sans que nous puissions calculer cette série de réactions, les principes généraux de l'analyse nous indiquent qu'elles doivent aller en diminuant graduellement d'amplitude; de sorte que l'on peut admettre, par approximation, que la variation survenue dans les revenus des producteurs A, tout en modifiant la répartition du surplus du revenu social entre les producteurs B, C, D, E, etc., n'en altère pas la valeur totale, ou ne l'altère que d'une quantité négligeable par rapport à la variation $p_0 D_0 - p_1 D_1$ qu'éprouvent les revenus des producteurs A. La variation du revenu social se réduit ainsi à $p_0 D_0 - p_1 D_1$, *aux quantités près du second ordre*, pour employer le langage des géomètres.

Non-seulement les raisonnements qui précèdent justifient cette simplification, rigoureusement admissible toutes les fois qu'il s'agit de variations très-petites dans le système des valeurs, et sans laquelle il serait impossible de pousser les déductions plus loin; mais en admettant même que la compensation n'ait pas lieu dans un cas particulier; que la variation $p_0 D_0 - p_1 D_1$ causée dans le revenu des producteurs A diffère sensiblement de la variation du revenu social qui en est le résultat; comme on n'aperçoit pas de raison pour que l'une soit plutôt inférieure que supérieure à l'autre, il serait encore permis de supposer que la compensation a lieu, dès l'instant que l'on n'applique pas les raisonnements à un cas particulier, et que l'on n'a au contraire en vue que les résultats moyens, les lois générales de la distribution des richesses.

Quelques lecteurs objecteront peut-être aux raisonnements qui précèdent, que nous avons distingué les consommateurs qui cessent d'acheter la denrée renchérie d'avec ceux qui continuent de l'acheter malgré le renchérissement, sans avoir égard aux consommateurs qui réduisent seulement la demande qu'ils faisaient de la denrée. Mais il est évident qu'à chaque consommateur placé dans cette troisième catégorie on peut, par la pensée, en substituer deux autres, placés, l'un dans la première, l'autre dans la seconde. La simplification que nous nous sommes permise ne change donc rien au fond du raisonnement.

77. D'après les explications qui viennent d'être données, et auxquelles on pourra se reporter pour tous les cas analogues, nous admettrons que la variation du prix de la denrée A a diminué le revenu social d'une valeur exprimée par $p_0\ D_0 - p_1\ D_1$: c'est ici que doit trouver place une observation essentielle, sans laquelle on ne pourrait convenablement interpréter la théorie abstraite des richesses, et qui donne la clé de bien des malentendus entre les écrivains spéculatifs.

Les consommateurs qui demandent la denrée A, après comme avant la variation de prix, qui paient $p_1\ D_1$ la même quantité de denrée qu'ils ne payaient auparavant que $p_0\ D_1$, sont au fond dans la même situation de fortune que si, la denrée n'étant pas renchérie, leur revenu eût été diminué de

. . . . $(p_1 - p_0) D_1$.

Si donc on ajoute à cette expression la quantité qui exprime la diminution du revenu des producteurs de la denrée, savoir. . . . . $p_0 D_0 - p_1 D_1$

la somme. . . . . $p_0 (D_0 - D_1)$

exprimera la diminution *réelle* du revenu social, dont la quantité $p_0 D_0 - p_1 D_1$ n'exprime que la diminution *nominale*.

Remarquons que ce résultat coïncide avec celui qu'on obtiendrait directement, de la manière la plus simple, en considérant que la hausse de prix a réduit de D_0 à D_1 la production annuelle de la denrée, et par cela seul anéanti annuellement une valeur égale à $p_0 (D_0 - D_1)$; qu'à la vérité la quantité D_1 qui continue d'être produite a haussé de valeur, ce qui réduit la perte supportée par les producteurs ; mais que ce bénéfice qui vient pour eux en déduction de la perte $p_0 (D_0 - D_1)$ est exactement balancé par la perte que cette hausse fait éprouver aux consommateurs qui la subissent ; de façon qu'en définitive la perte pour l'association doit toujours être évaluée à $p_0 (D_0 - D_1)$.

Il faut encore observer que les consommateurs qui cessent d'acheter la denrée renchérie A, et qui reportent sur les denrées B, C, D, etc. une valeur précisément égale à celle qu'on vient de trouver, savoir $p_0 (D_0 - D_1)$, éprouvent un dommage par suite de la variation du prix de A, en ce qu'ils sont amenés à faire de cette portion de leurs revenus un autre emploi que celui qu'ils préféraient, dans l'ancien système des prix. Mais ce genre de dommage ne peut être numériquement évalué, comme celui que supportent les producteurs par la diminution de leurs revenus, ou les consommateurs par l'augmentation de la somme qu'ils dépensent à acheter la même quantité de la denrée. Il s'agit ici d'un de ces rapports d'ordre, et non pas de grandeur, que les nombres peuvent bien indiquer, mais non pas mesurer. Comme nos considérations ne portent que sur les choses mesurables, le produit $p_0(D_0 - D_1)$ sera, dans le cas qui nous occupe, la mesure de ce que nous appelons la diminution réelle du revenu social, par opposition avec ce que nous avons appelé la diminution nominale.

78. Si l'on a $p_0 D_0 < p_1 D_1$, p_0 étant toujours plus petit que p_1, et par conséquent D_0 plus grand que D_1, les mêmes raisonnemens qui ont été faits plus haut, prouveront que le revenu social a augmenté nominalement par suite de la hausse de la denrée, et qu'il a augmenté d'une quantité sensiblement égale à $p_1 D_1 - p_0 D_0$, ou à l'accroissement survenu dans les revenus des producteurs de la denrée renchérie. Mais alors si l'on retranche du dommage supporté par les consommateurs, dommage équivalent à une diminution de revenus, et dont l'expression est toujours. . . $(p_1 - p_0) D_1$,
l'accroissement nominal de revenu. $p_1 D_1 - p_0 D_0$,
la différence. . . . . $p_0 (D_0 - D_1)$

mesurera comme précédemment la diminution réelle du revenu social, bien que ce revenu ait reçu une augmentation nominale.

Il est clair que cette augmentation nominale est très-réelle pour les producteurs entre lesquels se répartit la valeur p_1 D_1 ; mais ils n'obtiennent cet avantage qu'au détriment des consommateurs dont les pertes font plus que compenser le bénéfice recueilli par les producteurs ; de sorte que, pour l'association considérée *in globo*, il y a accroissement dans le revenu nominal et décroissement dans le revenu réel.

Si donc il s'agissait d'une denrée pour laquelle les frais de production fussent nuls ou insensibles, la circonstance la plus favorable pour la hausse nominale du revenu social serait que cette denrée tombât entre les mains d'un monopoleur, puisqu'alors le produit p D atteindrait sa valeur maximum ; mais ce qu'il y a de paradoxal dans une semblable proposition s'évanouit, dès qu'on fait attention à la distinction qui vient d'être établie entre les variations nominales et les variations réelles de revenu. Evidemment, à mesure que le monopole d'une telle denrée se fractionnerait entre deux, trois ou un plus grand nombre de producteurs, la denrée baisserait de prix graduellement, selon les formules qui ont été données au chapitre 7 ; la consommation irait en augmentant ; le revenu social, tout en diminuant nominalement, éprouverait un accroissement réel ; comme en effet le bon sens indique que la société ne peut que gagner à l'affaiblissement où à l'extinction d'un tel monopole.

79. Toutes les fois qu'une denrée, soumise d'ailleurs à des frais de production, est en monopole, on peut être certain que toute taxe ou tout accroissement de frais, en faisant hausser le prix et réduire la consommation de la denrée, fera subir au revenu social, non seulement une diminution réelle, mais encore une diminution nominale. En effet, si φ (D) est la fonction qui mesurait les frais de production supportés par le monopoleur, et auxquels de nouveaux frais viennent s'ajouter, p_0 étant la valeur qui rend la fonction $p\,D - \varphi(D)$ un maximum, on a

$$p_0\,D_0 - \varphi(D_0) > p_1\,D_1 - \varphi(D_1)\,,$$

et puisque $\varphi\,(D_0)$ est plus grand que $\varphi\,(D_1)$, à cause que D_0 est plus grand que D_1, on a *à fortiori* $p_0\,D_0 > p_1\,D_1$.

Mais quand une denrée, soumise à des frais de production, est en même temps libre de monopole, une hausse de prix, due à un accroissement de frais de production, en diminuant toujours la valeur réelle du revenu social, en pourra augmenter ou diminuer la valeur nominale, selon que la valeur initiale p_0 tombait au-dessous ou au-dessus de la valeur π qui rend un maximum le produit $p\,D$, et qui serait en effet le prix de la denrée, s'il n'y avait point de frais de production, et si la denrée était en monopole. L'affranchissement du monopole tend à rendre p_0 plus petit que π ; mais d'un autre côté les frais de production tendent à élever p_0 au-dessus de π. On conçoit que, selon les cas, l'une ou l'autre de ces causes qui agissent en sens contraires peut l'emporter, de sorte que ces deux hypothèses $p_0 > \pi$, $p_0 < \pi$ sont *à priori* également admissibles (art. 24).

80. On voit par ce qui précède comment il est possible qu'une taxe sur les consommations accroisse nominalement le revenu social, tout en en diminuant la valeur réelle. Lorsque l'établissement d'une taxe i rend positive la quantité $p_1 D_1 - p_0 D_0$, qui exprime alors l'accroissement nominal de revenu, le fisc perçoit sur la valeur produite $p_1 D_1$ une part $i D_1$; mais cette part, qui ne s'accumule plus de nos jours dans les coffres du fisc, soit qu'elle serve à acquitter les intérêts de la dette publique, soit qu'elle se dépense en salaires ou en largesses, soit qu'on l'emploie à l'achat des matières consommées pour les services publics, va créer des revenus à plusieurs classes de consommateurs. A l'égard des impôts prélevés directement sur le revenu, le fisc, en supposant qu'il n'ait point de tributs à payer à l'étranger, n'agit que comme une machine intermédiaire, destinée à changer (à la vérité d'une manière souvent dommageable et injuste) la répartition du revenu social, sans en altérer immédiatement la valeur totale. En fait de taxes sur la consommation, le fisc remplit cet office de machine intermédiaire pour la portion $i D_1$ de la valeur produite, qui est destinée à payer la taxe; et en outre la taxe occasionne dans la valeur réelle du revenu social une diminution exprimée par $p_0(D_0 - D_1)$.

81. Par la même raison qu'un accroissement dans les frais de production diminue la valeur réelle du revenu social, en diminuant ou en augmentant suivant les cas le revenu nominal, une diminution dans les frais accroîtra toujours la valeur réelle du revenu, en faisant croître ou décroître, selon les circonstances, le revenu nominal. Admettons que, par suite de la réduction dans les frais de production de la denrée A, et de l'abaissement de prix qui en est la conséquence, le revenu social ait diminué nominalement de. . . . . $p_0 D_0 - p_1 D_1$.

Les consommateurs qui demandaient la denrée avant la baisse, seront dans la même position que si, la denrée n'ayant pas varié de prix, la somme de leurs revenus eût été augmentée de. . . . . . . $(p_0 - p_1) D_0$.

Retranchant la première expression de la seconde, on aura pour reste la valeur positive. . . . . . $p_1 (D_1 - D_0)$, qui exprimera l'augmentation réelle du revenu social. Le résultat serait manifestement le même, si la baisse de prix avait fait hausser la valeur nominale du revenu social, ou si l'on avait $p_1 D_1 > p_0 D_0$; car alors il faudrait ajouter à $(p_0 - p_1) D_0$ la quantité positive $p_1 D_1 - p_0 D_0$, ce qui revient à retrancher comme précédemment $p_0 D_0 - p_1 D_1$.

On arrive d'ailleurs directement au même résultat, par un raisonnement semblable à celui de l'art. 77. La baisse de prix a élevé de D_0 à D_1 la production annuelle de la denrée, et par cela seul a créé annuellement une valeur égale à $p_1 (D_1 - D_0)$. A la vérité la quantité D_0, dont la production avait déjà lieu antérieurement, a baissé de valeur au détriment des producteurs; mais cette perte qui vient pour eux en déduction du gain $p_1 (D_1 - D_0)$, est exactement balancée par le profit que la baisse procure aux consommateurs qui achetaient et qui continuent d'acheter la quantité D_0, de sorte qu'en définitive le gain réel pour l'association doit toujours être évalué à $p_1 (D_1 - D_0)$.

Dans l'évaluation de l'accroissement réel du revenu social, causé par la baisse de prix, on ne tient pas compte de l'avantage qui consiste, pour les nouveaux consommateurs de la denrée, à faire un emploi plus à leur goût d'une portion de leurs revenus; parce que cet avantage n'est pas numériquement appréciable, et ne constitue pas en soi une richesse nouvelle, bien qu'il puisse amener ultérieurement un accroissement de richesse, si la denrée A est la matière première d'autres produits, ou l'instrument d'autres productions.

82. Nous avons supposé dans ce qui précède que l'élévation ou l'abaissement des frais de production, l'assiette ou le dégrèvement d'une taxe occasionnaient la hausse ou la baisse de prix, et par suite la réduction ou l'accroissement de la production, tandis que la loi du débit, c'est-à-dire la relation qui lie entre elles les quantités D et p, restait la même. Mais le raisonnement direct, employé dans les art. 77 et 81, trouverait également son application, si les variations dans le prix et dans la quantité produite résultaient d'une variation dans la forme de la fonction F (p) qui exprime la loi du débit, ce qui pourrait provenir d'un changement dans les goûts et les besoins des consommateurs, comme aussi d'un changement dans le mode de distribution de la richesse sociale. Admettons donc que, par suite d'un semblable changement, une portion h du revenu social ait été distraite de la demande de la denrée A, et appliquée intégralement à la demande de la denrée B, de sorte que les revenus des producteurs des autres denrées C, D, E, etc., n'en éprouvent aucune altération, ou ne subissent que des variations négligeables. En appelant p_0, D_0 le prix et la demande de la denrée A avant la variation survenue, p_1, D_1 ce que deviennent les mêmes quantités après la variation, on aura

$$p_0 D_0 - p_1 D_1 = h .$$

On aurait de même

$$p'_1 D'_1 - p'_0 D'_0 = h ,$$

en distinguant par un accent les quantités qui se rapportent à la denrée B, des quantités analogues qui se rapportent à la denrée A, et par conséquent,

$$(1)\ p_0 D_0 - p_1 D_1 = p'_1 D'_1 - p'_0 D'_0 .$$

Le revenu social n'aura éprouvé ni augmentation, ni diminution dans sa valeur nominale; mais il y aura d'une part une perte dans la valeur réelle, exprimée par

$$p_0 (D_0 - D_1) ;$$

d'autre part un gain réel exprimé par

$$p'_1 (D'_1 - D'_0) ;$$

en sorte que la balance réelle sera favorable ou défavorable selon que l'on aura

$$(2)\ p'_1 (D'_1 - D'_0) \gtrless p_0 (D_0 - D_1) ,$$

et d'autant plus favorable ou défavorable que le premier membre de l'inégalité l'emportera davantage sur le second, l'équation (1) restant toujours satisfaite.

En vertu de l'équation (1) on peut remplacer l'inégalité (2) par la suivante :

$$(p'_0 - p'_1) D'_0 \lesseqgtr (p_1 - p_0) D_1 .$$

Il est facile de concevoir que les denrées de luxe, celles dont la consommation est réservée aux classes opulentes de la société, sont en général caractérisées dans le système économique par cette propriété que de légères variations dans la demande ou dans la concurrence des acheteurs peuvent imprimer aux prix des variations très-considérables, parce que l'homme opulent peut facilement tiercer ou doubler le prix qu'il met à un objet de fantaisie. Au contraire on remarque que, pour les denrées de consommation générale, et qui ne sont pourtant pas réputées de première nécessité, de légères variations dans les prix correspondent à des variations considérables dans les demandes ou dans les quantités produites.

En conséquence, les causes qui tendront à modérer les grandes inégalités dans la distribution des richesses, tendront à imprimer au système économique des variations dont l'effet moyen et général sera un accroissement dans la valeur réelle du revenu social.

Cet accroissement de valeur réelle pourra être accompagné d'un accroissement de valeur nominale, si la denrée B, au profit de laquelle s'opère le changement survenu dans la direction de la demande, est la matière première ou l'instrument de nouvelles productions. Sous ce point de vue, les modifications du système économique qui favorisent l'accroissement de la population laborieuse, en provoquant une production plus abondante des denrées qui lui sont nécessaires, tendent aussi à l'accroissement de la valeur réelle du revenu social, tel que nous l'avons défini, revenu dont les salaires des travailleurs constituent une partie intégrante et principale.

Il semble que les denrées de première nécessité, celles qui font la base de l'alimentation, aient cela de commun avec les denrées de luxe, que d'énormes variations dans les prix correspondent à de faibles différences dans les quantités produites, par la raison que les classes pauvres se voient dans l'obligation de sacrifier toutes les autres demandes à celle des denrées dont il s'agit. Mais de pareils sacrifices ne pourraient se prolonger sans amener des perturbations violentes dans la constitution du système économique et de la population : aussi, lorsque l'on ne considère que les valeurs moyennes, indépendantes des perturbations passagères, on trouve que pour les denrées mêmes de première nécessité, de grandes différences dans les quantités produites correspondent à de faibles variations dans les prix.

Par cela même qu'une hausse passagère et considérable dans les prix de ces denrées correspond à à de faibles différences de consommation, il résulte de notre théorie comme des simples indications du bon sens, qu'une telle hausse fait fléchir la valeur réelle du revenu social, lors même qu'elle en élèverait la valeur nominale. La théorie, toujours d'accord avec le bon sens, nous montre qu'il faudrait porter un jugement tout opposé de la hausse progressive et séculaire qui affecterait les denrées dont il s'agit.

83. Les mêmes principes nous conduisent à analyser ce qui se passe, lorsqu'une nouvelle denrée, une nouvelle valeur échangeable, surgit, pour ainsi dire, dans le système économique. Une denrée N, qui jusque-là ne figurait point dans la circulation des richesses, est créée de toutes pièces, et la quantité produite ou débitée annuellement a pour valeur *h*. Les acheteurs de cette denrée détournent donc de la demande des autres denrées A, B, C, etc., une somme *h* prélevée sur leurs revenus; mais cette somme est restituée par les producteurs de la denrée N à la masse des demandes pour les autres denrées A, B, C, etc. Il n'y a donc pas de raison pour que le système économique ancien, pris dans son ensemble, éprouve des perturbations; c'est, pour ainsi dire, une simple juxta-position qui s'opère : le revenu social est accru, nominalement et réellement, de la somme *h* qui forme le revenu des producteurs de la denrée nouvelle.

Il faut bien remarquer sous quelles conditions un semblable résultat a lieu, car on pourrait imaginer telle hypothèse qui conduirait à des résultats différents. Admettons, par exemple, qu'il s'opère un échange entre les producteurs N et M, de manière que les premiers, mis en jouissance d'un revenu *h*, par l'achat que font les seconds de la denrée nouvelle, emploient précisément ce revenu à acheter la denrée M, et déterminent un surcroît de production de cette denrée jusqu'à concurrence de la valeur *h* : tous les autres éléments du système économique auront pu n'éprouver aucun changement; mais le revenu social se sera accru, tant en valeur nominale qu'en valeur réelle, de deux fois la somme h, savoir du revenu entièrement nouveau des producteurs N et de l'accroissement de revenu des producteurs M.

En ayant ainsi égard à des hypothèses particulières, et d'ailleurs improbables, que l'on peut varier à l'infini, le problème dont il s'agit dans cet article deviendrait tout-à-fait indéterminé. Pour qu'il comporte une solution déterminée, il faut partir de la seule hypothèse vraisemblable, dans l'état des relations commerciales : il faut admettre que les producteurs de la denrée nouvelle vendent à des consommateurs quelconques, et dépensent les revenus que ce débit leur donne en achats faits à d'autres producteurs quelconques, sans qu'il intervienne entre eux de conventions semblables à celle par laquelle des artisans d'une petite ville se donneraient mutuellement leur pratique, et sans que la nature des choses amène des résultats analogues à ceux qui dériveraient d'une telle convention.

Des résultats de cette espèce peuvent pourtant se présenter lorsque l'on distribue les producteurs en grandes catégories, lorque l'on oppose, par exemple, la classe des propriétaires ou exploitateurs fonciers à celle des ouvriers vivant de leurs salaires, et surtout lorsque le mode de distribution de la richesse établit entre ces deux classes une distinction bien tranchée. La population ouvrière venant à s'accroître ou à être douée d'une plus grande ardeur pour le travail, les produits de son industrie seront presque exclusivement consommés par la classe qui est en possession de la richesse foncière, et le prix de cette industrie sera presque exclusivement employé à créer un débouché pour les produits du sol, à encourager et étendre l'industrie agricole. Les riches verront leurs richesses s'accroître, en même temps et par cela même qu'ils trouveront à satisfaire de nouveaux goûts. Le revenu social dans lequel nous comprenons les salaires de tous les travailleurs, aussi bien que les rentes de tous les propriétaires, s'accroîtra donc dans une progression plus rapide en vertu de cette particularité; ce qui ne veut pas dire que le mode de distribution de la richesse, ensuite duquel cette particularité a lieu, soit préférable à d'autres, dans l'intérêt bien entendu du corps social.

Si nous écartons ces cas singuliers dont la discussion échappe à la théorie, et qui remuent pour ainsi dire dans ses bases le système économique, si nous considérons ce qui se passe dans un état qui approche de la stabilité, nous trouvons que la mise en circulation d'une nouvelle denrée doit avoir pour résultat moyen d'accroître le revenu social d'une valeur précisément égale à celle de la quantité de cette denrée produite annuellement.

84. Que l'homme s'ingénie pour créer de nouveaux produits, propres à embellir la vie et à en adoucir les charges, ou que les raffinements de la vie sociale, en excitant de nouveaux désirs, donnent de la valeur à des choses qui jusqu'alors n'étaient pas recherchées, le résultat sera le même sous le point de vue qui intéresse la science économique, quoique le moraliste et l'homme d'état puissent porter un jugement tout différent des destinées d'un peuple, selon qu'ils voient prédominer dans son sein le luxe ou l'activité industrieuse. On a pu dire avec raison que le luxe enrichit une nation, en ce sens que le revenu social s'accroît par la mise en circulation de nouveaux produits qui, sans le luxe ou sans les raffinements de la vie sociale, n'auraient point de cours. On a pu dire avec non moins de vérité que le luxe amène la ruine d'une nation, non-seulement dans le sens moral et politique, mais encore dans l'acception commerciale du mot, lorsque la production des denrées de luxe ne peut avoir lieu qu'au détriment de la production d'autres denrées, qui sont elles-mêmes les instruments médiats ou immédiats de productions ultérieures.

C'est ici que devrait se placer la distinction des consommations improductives et des consommations reproductives, si cette distinction n'avait pas été établie par Smith, et surtout par J.-B. Say, avec toute la lucidité et tous les développements désirables. L'homme qui économise ou qui capitalise une portion h de son revenu, détourne la somme h de la demande des denrées A, B, C, etc., qui ne lui offriraient que la jouissance d'une consommation improductive, pour l'appliquer à la demande des denrées L, M, N, etc. qui vont se transformer en instruments de production. Le résultat de cette nouvelle direction imprimée à la demande sera d'encourager certaines professions et d'en décourager d'autres, d'augmenter le revenu de certaines classes de producteurs au détriment d'autres producteurs; mais, en vertu des principes exposés, lorsque l'on ne s'arrête qu'aux effets moyens et généraux, le revenu social doit rester le même. Plus tard, et lorsque le nouveau fonds productif que l'épargne a créé fructifiera, le revenu ancien se trouvera accru de la rente du capital h. Il va sans dire que l'épargne ou la capitalisation ne peut pas dépasser toutes limites, et qu'en définitive la consommation qualifiée d'improductive est le régulateur et le but de la consommation dite productive. Quelles sont les limites infranchissables? Quels sont les rapports de la consommation improductive à la consommation productive? C'est ce que la théorie ne saurait assigner *à priori*; mais en pratique, par cela seul que des capitaux trouvent à se placer fructueusement, nous savons qu'une nation en est encore à ce point où l'épargne contribue aux progrès de la richesse générale, tout en satisfaisant des penchants personnels portés à la prévoyance ou à la cupidité.

85. Le revenu social peut augmenter nominalement, et par la création d'un nouveau fonds productif, la fabrication d'une nouvelle valeur circulante, et par le changement des circonstances qui donnent une valeur vénale à une chose utile, mais dont on jouissait auparavant gratuitement, et qui dès-lors ne pouvait avoir de valeur d'échange. Ainsi il n'y a point de contradiction à concevoir que la valeur nominale du revenu social pourrait s'accroître, si les substances telles que l'eau, dont la nature nous a libéralement gratifiés en quantité supérieure à nos besoins, devenaient rares ou exigeaient des frais de production; si les agents naturels dont chacun dispose gratuitement, tels que la force motrice du vent, devenaient susceptibles d'appropriation et qu'il en fallût payer le loyer au propriétaire. Mais ce qu'il y a de paradoxal dans cet énoncé disparaît, lorsque l'on a égard à la distinction que nous avons faite dans ce chapitre entre la valeur réelle et la valeur nominale. Il n'est pas nécessaire que nous entrions dans plus de développements pour résoudre une objection purement spéculative, et en quelque sorte scholastique.

86. Nous avons à répondre à une objection beaucoup plus spécieuse et qui s'applique à tout ce qui précède. On dira que lorsque la production d'une denrée A vient à décroître, et descend par exemple de D_0 à D_1, la valeur de la quantité $D_0 - D_1$ n'est pas pour cela soustraite intégralement à la circulation; que les matières premières qui entraient dans sa fabrication trouvent un autre emploi, sauf à baisser de prix pour trouver cet autre emploi; que les ouvriers dont la main-d'œuvre était affectée à cette occupation louent leurs bras à d'autres producteurs, sauf à baisser d'une quantité plus ou moins notable le taux de leur salaire; que les capitaux enfin engagés dans l'exploitation trouvent à se placer ailleurs, sauf aux capitalistes à réduire, s'il est nécessaire, le taux de l'intérêt qu'ils réclament. Or, il peut sembler au premier coup-d'œil que nous n'avons pas tenu compte de cette circonstance essentielle, et que nous avons raisonné comme si la réduction dans la production de la denrée A soustrayait de la circulation une valeur précisément égale à celle de la quantité dont la production a été réduite.

Pour montrer que nous ne sommes point tombés dans cette méprise, supposons qu'une denrée M joue le rôle de matière première par rapport à plusieurs denrées A, B, C, etc., qui sont l'objet d'une consommation immédiate. Dans le nombre de ceux que nous avons appelés les producteurs A doivent se trouver ceux des producteurs M qui livrent l'une des matières premières employées dans la confection de A (art. 74), et cela jusqu'à concurrence de la quantité qu'ils livrent pour cet emploi. La même chose doit se dire au sujet des denrées B, C, etc. Par conséquent il y a tel producteur M dont le revenu se décompose en plusieurs parts, pour l'une desquelles il est rangé parmi les producteurs A, pour l'autre parmi les producteurs B, et ainsi de suite. Si la réduction dans la consommation de la denrée A amène une plus grande production de la denrée B, le producteur M pourra retrouver dans l'accroissement de débit pour la confection de la denrée composée B, la compensation de la perte qu'il éprouve par la diminution de débit pour la confection de la denreé composée A ; mais rien n'empêche de substituer par la pensée, et pour la commodité du raisonnement, à ce producteur M deux producteurs M_1, M_2, dont l'un fournit exclusivement la matière première M pour la confection de la denrée A, et l'autre pour la confection de la denrée B, de sorte que M_1 compte uniquement parmi les producteurs A, et M_2 parmi les producteurs B. Or, nous avons tenu compte, dans l'évaluation des résultats moyens, du report des fonds retirés de la demande de la denrée A, sur la demande des denrées B, C, etc. ; nous avons donc implicitement tenu compte de la circonstance essentielle dont l'oubli motiverait l'objection que nous voulons réfuter dans cet article.

La remarque qui vient d'être faite, au sujet des denrées proprement dites qui jouent le rôle de matières premières, s'applique également aux salaires des travailleurs, aux loyers des capitaux qui concourent à la formation des denrées composées, objet final de la production. Quand un ouvrier travaille d'abord à la fabrication de la denrée A, puis à celle de la denrée B, après la réduction survenue dans la production de A, il doit être rangé en premier lieu parmi les producteurs A et en second lieu parmi les producteurs B ; le revenu de la masse A, dans lequel figurent les salaires des ouvriers, est diminué et celui de la masse B est accru ; c'est absolument, sous le rapport des évaluations qui nous occupent, comme si la demande de travail augmentait pour les ouvriers B et diminuait pour les ouvriers A, sans qu'il y eût possibilité pour un même ouvrier de passer d'un emploi à l'autre.

Enfin, quoique nous fassions un usage continuel et presque exclusif du mot *denrée*, on ne doit pas perdre de vue (art. 8), que dans cet écrit nous assimilons aux denrées les prestations de services qui ont également pour but de satisfaire des besoins ou de procurer des jouissances. Ainsi, lorsque nous disons que des fonds sont détournés de la demande de la denrée A pour être appliqués à la demande de la denrée B, on peut entendre par là que des fonds détournés de la demande d'une denrée proprement dite, sont employés à salarier des services de cette nature, ou réciproquement. Quand le peuple d'une grande ville perd le goût des cabarets et prend celui des spectacles, des fonds qui étaient employés à la demande des liqueurs alcooliques vont payer des acteurs, des auteurs, des musiciens, dont le gain annuel, d'après notre définition, figure sur le bilan du revenu social, aussi bien que la rente du propriétaire de vignoble, le salaire du vigneron et les profits du cabaretier.

CHAPITRE XII.

Des variations du revenu social, résultant de la communication des marchés.

87. Nous avons recherché, dans le chapitre 10, les effets de la communication des marchés sur la fixation des prix et des revenus des producteurs : nous voulons examiner maintenant, d'après les principes qui ont servi de base à la théorie exposée dans le chapitre qui précède, comment la communication, le commerce entre deux marchés, ou si l'on veut, l'exportation de denrées d'un marché à l'autre, fait varier la valeur du revenu social, tant sur le marché d'importation que sur le marché d'exportation.

Cette question acquiert un intérêt puissant, surtout lorsque l'on considère les relations commerciales de peuple à peuple, essentiellement soumises à l'action régulatrice des gouvernements. A la dénomination de revenu social on peut substituer alors celle de revenu national, ce qui ne signifiera pas le revenu que le gouvernement d'une nation perçoit par l'impôt, et qui sert à payer les dépenses publiques, mais la somme des revenus particuliers, des fermages, des profits, des salaires de toute nature, dans l'étendue du territoire national.

On voit que nous abordons ici la question en vue de laquelle ont été pour ainsi dire construits tous les systèmes d'économie politique : la question qui depuis deux siècles est agitée par les écrivains spéculatifs et par les hommes d'Etat. Nous n'avons pas la témérité de l'aborder sous le point de vue de l'homme d'Etat; mais, en revanche, nous croyons que la question traitée par son côté spéculatif peut se réduire à des termes très-simples, dont la seule exposition, en faisant tomber de vains systèmes, facilite les voies à la science pratique, à celle qui intéresse essentiellement le sort des peuples. C'est sous ce rapport que les considérations dont nous nous occupons ici ne nous semblent pas de purs jeux d'esprit, des abstractions chimériques.

Il y aurait toujours de l'avantage à éclaircir en quelques lignes, à la faveur de signes précis, et d'une méthode d'argumentation plus rigoureuse, les difficultés soulevées par des volumes de controverse.

88. Appelons A et B le marché d'exportation et le marché d'importation; M la denrée qui est exportée de A en B; p_a, D_a le prix et la demande de la denrée sur le marché A, à l'époque où par une cause quelconque, par exemple en vertu d'une prohibition, l'exportation de la denrée ne pouvait pas avoir lieu; p_b, D_b le prix et la demande sur le marché B à la même époque; p'_a, D'_a, le prix et la quantité produite en A après que la communication s'est établie; p'_b, D'_b le prix et la quantité produite en B; Δ la quantité consommée en A après la communication, ou la demande des consommateurs A correspondante au prix p'_a; E la quantité exportée, en sorte que $D'_a = \Delta + E$.

Les producteurs A obtiennent un accroissement de revenus égal à $p'_a D'_a - p_a D_a$. On doit supposer $p'_a > p_a$, $D'_a > D_a$, et *à fortiori*, $p'_a D'_a > p_a D_a$. En effet, le cas où, par suite d'un monopole, la communication des marchés peut faire baisser le prix, même sur le marché d'exportation, est un cas trop particulier pour que nous nous y arrêtions; et d'ailleurs rien ne serait plus facile que de modifier convenablement, pour cette hypothèse exceptionnelle, les raisonnements qui vont suivre.

Les consommateurs du marché A, qui continuent d'acheter la denrée M, distraient de la portion de leurs revenus, qui été consacrée auparavant à la demande des autres denrées N, P, Q, etc., une valeur égale à. . . . . $(p'_a - p_a)\Delta$. (1)

Ceux au contraire que le renchérissement empêche d'acheter, peuvent ajouter aux fonds qu'ils consacraient auparavant à la demande des denrées N, P, Q, etc... une valeur égale à $p_a(D_a - \Delta)$. (2)

Enfin, puisque le marché A se dessaisit, par l'exportation, d'une valeur égale à $p'_a E$, il reçoit en retour, en quelque denrée que ce soit, une valeur égale. Il y a donc, par le fait de l'exportation, une valeur. . $p'_a E$, (3)

détournée de la demande des denrées N, P, Q,... sur le marché national, pour être appliquée à la demande de denrées de provenance étrangère, et qui va former le revenu de producteurs étrangers. Or, si l'on ajoute les quantités (1) et (3), et qu'on retranche de la somme la quantité (2), on aura pour résultat $p'_a\ D'_a - p_a\ D_a$ (à cause de la relation $D'_a = \Delta + E$), c'est-à-dire une valeur précisément égale à celle dont le revenu des producteurs de la denrée M a augmenté. Donc, la totalité du fonds disponible pour la demande des denrées N, P, Q, etc., n'a pas varié. Donc, on peut admettre, à la faveur de l'hypothèse de simplification qui a été suffisamment expliquée, que le revenu national en A, ou la totalité des revenus des producteurs A, a précisément augmenté, ensuite de l'exportation de la denrée M, d'une valeur égale à $p'_a\ D'_a - p_a\ D_a$.

Mais ce n'est là qu'un accroissement nominal de revenu : les consommateurs qui ont payé au prix p'_a, au lieu de payer au prix p_a, la quantité de la denrée désignée par Δ, sont précisément dans la même position que si, le prix de la denrée ne variant pas, leurs revenus eussent éprouvé une diminution de. . . . . $(p'_a - p_a)\ \Delta$.

Retranchant cette dernière somme de la première, on a pour reste. . . . . $p'_a(D'_a - \Delta) - p_a(D_a - \Delta)$

$$= p'_a\ E - p_a\ (D_a - \Delta); \quad (4)$$

et conséquemment, selon nos principes, cette expression sera celle de l'augmentation réelle du revenu national. On a $p'_a > p_a$, et d'un autre côté $E > D_a - \Delta$: donc cette augmentation est toujours positive, et ne peut pas se changer en diminution réelle.

L'augmentation serait précisément de $p'_a E$, ou de la valeur exportée, si l'exportation n'avait pas fait renchérir la denrée ni réduire la consommation sur le marché national, comme cela peut avoir lieu pour des produits manufacturés; et dans ce cas l'augmentation réelle se confondrait avec l'augmentation nominale.

Nous ne tenons pas compte, en déduction de l'accroissement réel de revenu dû à l'exportation de la denrée M, du dommage éprouvé par cette classe de consommateurs nationaux, qui cessent d'acheter la denrée renchérie, et font ainsi, d'une portion de leurs revenus, un emploi moins à leur convenance. Ce dommage, ainsi qu'on l'a expliqué, n'est pas mesurable, et n'affecte pas directement la richesse nationale, dans l'acception commerciale et mathématique de ce mot. Il peut, sans doute, l'affecter indirectement, si la privation de la denrée renchérie met obstacle à la production d'une autre denrée dont elle est l'une des matières premières; mais il convient, pour la simplification et la généralité de la théorie, de faire d'abord abstraction de cet effet secondaire, sauf à y avoir tel égard que de raison, quand on passera aux applications et aux cas particuliers.

On peut d'ailleurs retrouver, par une considération directe et très-simple, l'expression (4), que nous avons donnée comme étant celle de l'accroissement réel du revenu national, dû à l'exportation de la denrée M.

Cette exportation a mis le marché A en jouissance de denrées de provenance étrangère et dont la valeur est $p'_a E$; elle l'a dessaisi pour cela de la quantité $D_a - \Delta$ de la denrée M, dont la valeur était $p_a(D_a - \Delta)$; le profit est $p'_a E - p_a(D_a - \Delta)$. Quant au surcroît de valeur qui a été acquis par la quantité de la denrée M que l'on continue de consommer sur le marché A, s'il en résulte un avantage pour les producteurs nationaux, cet avantage est exactement balancé par le dommage qu'en éprouvent les consommateurs également nationaux; de sorte que l'expression (4) est bien la mesure de la valeur réelle de l'accroissement opéré dans le revenu de la nation exportatrice.

89. Passons aux effets du transport de la denrée sur le marché d'importation B. Les producteurs de la denrée M sur ce marché, éprouvent une diminution de revenu exprimée par $p_b D_b - p'_b D'_b$. On aura $p_b > p'_b$, $D_b > D'_b$, et *à fortiori* $p_b D_b > p'_b D'_b$.

Les consommateurs qui achetaient déjà avant la baisse, reporteront sur la demande des autres denrées

R, S, T, etc., une valeur égale à $(p_b - p'_b) D_b$; (5).
tandis que les consommateurs que la baisse détermine à acheter, retireront de la portion de leurs revenus consacrée à la demande de ces mêmes denrées, une valeur. . . . . $p'_b (D'_b + E - D_b)$. (6).

Enfin, puisque l'équivalent de la valeur p'_b E doit sortir du marché B, sous quelque nature de denrée que ce soit, on doit considérer qu'un fonds étranger montant à. . . . . p'_b E, (7)
vient s'ajouter aux fonds, déjà consacrés sur le marché national à la demande des denrées R, S, T, etc., autres que M. Si maintenant on ajoute les quantités (5) et (7), et qu'on retranche de la somme la quantité (6), on aura pour résultat $p_b D_b - p'_b D'_b$, c'est-à-dire une valeur précisément égale à celle dont ont diminué les revenus des producteurs M sur le marché B. Donc, sans qu'il soit besoin de répéter un raisonnement dont on a dû saisir l'esprit, on reconnaîtra que cette même valeur. . $p_b D_b - p'_b D'_b$
exprime en même temps la diminution nominale du revenu national B, résultant de l'importation de la denrée M de A en B.

Actuellement il faut observer

que les consommateurs qui achetaient avant la baisse, sont, après que la denrée a baissé, dans la même position que si leurs revenus eussent augmenté de la valeur. . . . . $(p_b - p'_b)\ D_b$.

Prenant la différence, on aura l'expression. . . . . $p'_b\,(D_b - D'_b)$, (8) qui sera celle de la diminution réelle du revenu national B, en suite de l'importation.

Nous ne tenons pas compte, en déduction de cette diminution réelle de revenu, de l'avantage résultant pour les consommateurs qui achètent par suite de la baisse, de ce qu'ils font ainsi, d'une portion de leurs revenus, un emploi plus à leur convenance. Cet avantage n'est pas susceptible d'évaluation, et ne peut qu'accroître indirectement la masse des richesses, dans le cas où la denrée baissée de prix serait la matière première ou l'instrument de productions ultérieures, circonstance que l'on doit considérer à part, dans chaque application particulière.

On retombe d'ailleurs, par une considération directe, sur l'expression (8) que nous avons donnée comme étant celle de la diminution du revenu national B, par suite de l'importation de la denrée M. En effet, le marché B entre en jouissance de la valeur de la denrée importée, valeur qui est p'_b E, mais il se dessaisit pour cela d'une valeur indigène précisément égale. La quantité D'_b qui était produite et consommée sur le marché B, et qui l'est encore après l'importation, baisse de valeur, mais la perte qui en résulte pour les producteurs nationaux est exactement balancée par l'avantage qu'éprouvent les consommateurs nationaux, en achetant la denrée à un prix moindre. La quantité $D_b - D'_b$ cessant d'être produite en B après l'importation, il en résulte pour les producteurs nationaux une perte égale à $p_b(D_b - D'_b)$; mais cette perte est compensée, jusqu'à concurrence de $(p_b - p'_b)(D_b - D'_b)$ par l'avantage que trouvent les consommateurs nationaux en se procurant au prix p'_b, par suite de l'importation, cette même quantité qu'ils payaient auparavant au prix p_b. Donc, en définitive, la perte réelle occasionnée par l'importation, dans le revenu national B, est égale à $p'_b(D_b - D'_b)$.

Il est bien essentiel de remarquer que lorsqu'il s'agit d'une denrée *exotique*, ou qui ne trouve pas en B les conditions naturelles de sa production, en raison du climat, du sol, du degré de richesse ou du génie des habitants, les quantités D_b, D'_b sont nulles ou insignifiantes. Alors le revenu national B n'éprouve par suite de l'importation, ni diminution nominale, ni diminution réelle, tandis que, sur le marché d'exportation, il y a toujours augmentation nominale et augmentation réelle.

90. Dans les formules qui précèdent, et dans les explications qui les accompagnent, il était inutile d'avoir égard aux frais de transport, qui comprennent les salaires des agents employés aux opérations que le transport matériel nécessite, les bénéfices des négociants et les intérêts des capitaux engagés dans ce négoce. En thèse générale, le commerce de transport peut être fait par des nations étrangères aux marchés A et B, et avec des capitaux étrangers. La totalité des frais ou des bénéfices du transport, égale à $(p'_b - p'_a)$ E, est alors une source de revenus pour une nation étrangère, et se distribue entre les agents et les capitalistes qui ont concouru à l'opération du transport. Si l'opération était faite par les agents industriels de la nation A, avec les capitaux de cette nation, il faudrait ajouter la quantité $(p'_b - p'_a)$ E à la valeur $p_a D'_a - p'_a D_a$ qui exprime l'accroissement nominal de la richesse nationale provenant du fait seul de l'exportation, et à l'expression (4) qui est celle de l'accroissement réel. Cette dernière expression deviendrait alors

$$p'_b \mathrm{E} - p_a (\mathrm{D}_a - \Delta).$$

Si, au contraire, l'opération du transport se faisait par les agents industriels et avec les capitaux de la nation B, la valeur $(p'_b - p'_a)$ E viendrait en déduction de $p_b \mathrm{D}_b - p'_b \mathrm{D}'_b$ qui exprime le décroissement nominal du revenu national B, résultant du fait de l'importation, ou en déduction de la quantité (8) qui exprime le décroissement réel du même revenu. Or on a identiquement

$$p'_b (\mathrm{D}_b - \mathrm{D}'_b) - (p'_b - p'_a) \mathrm{E} = p'_a \mathrm{E} - p'_b \left\{ \mathrm{E} - (\mathrm{D}_b - \mathrm{D}'_b) \right\};$$

on a aussi les deux inégalités

$$p'_a < p'_b \,, \quad E < E - (D_b - D'_b) \,,$$

d'où *à fortiori*

$$p'_a E < p'_b \left\{ E - (D_b - D'_b) \right\} .$$

Donc, dans l'hypothèse actuelle, ce qui mérite bien d'être observé, les salaires et les bénéfices que fournit l'opération du transport, feront plus que compenser, pour la nation B, la diminution réelle du revenu national résultant de l'importation.

De là cette autre conséquence, bien plus importante encore, que le commerce de transport entre deux fractions du même territoire, opérée, comme c'est le cas ordinaire, par les agents industriels et avec les capitaux nationaux, augmente nécessairement la valeur réelle du revenu national; car cette augmentation de revenu est exprimée par la formule

$$\left[p'_a E - p_a (D_a - D) \right] + \left[p'_b \left\{ E - (D_b - D'_b) \right\} - p'_a E \right] ,$$

dont les deux parties, séparées par des crochets, sont, d'après ce qu'on vient de voir, nécessairement positives. D'ailleurs cette formule se simplifie et se réduit à

$$(9) \quad p'_b \left\{ E - (D_b - D'_b) \right\} - p_a (D_a - \Delta) .$$

Ainsi, le libre passage d'une denrée, d'une fraction d'un territoire à une autre, peut bien, comme on l'a vu dans le chapitre 10, ne pas augmenter ou même réduire la quantité totale produite, peut bien ne pas augmenter ou même réduire la valeur nominale du revenu national, mais doit nécessairement augmenter la valeur réelle de ce revenu, telle que nous l'avons déterminée d'après des conditions qui n'ont rien d'arbitraire, et qui dérivent au contraire naturellement des données de la question.

Par conséquent, pour généraliser l'énoncé, le plus grand développement des communications entre les fractions d'un même territoire, ne porte pas nécessairement au maximum la valeur nominale du revenu national, ne détermine pas nécessairement la plus grande production possible, ou l'exploitation la plus complète; mais, toutes choses égales d'ailleurs, porte nécessairement au maximum la valeur réelle du revenu national et détermine l'exploitation la plus avantageuse.

Je ne sache pas que cette proposition capitale en économie politique, toujours vaguement perçue, ait jamais été démontrée par des raisonnements rigoureux, ni déduite de ses véritables prémisses. Ce qui le prouve, c'est que l'école de Smith, pour faire tomber les barrières d'une nation à l'autre, a toujours argumenté de l'accroissement incontestable de richesse qui a été le résultat invariable de la suppression des barrières et de l'extension des voies de communication dans l'intérieur d'un même territoire; tandis qu'il y a disparité essentielle entre l'exemple apporté en preuve et le cas auquel on voulait l'appliquer ; comme cela résulte de ce qui précède, et comme nous l'expliquerons encore tout à l'heure.

Entre les fractions d'un même territoire, le commerce de transport produit un accroissement d'autant plus sensible dans la richesse nationale, qu'il s'agit de denrées non susceptibles, ou difficilement susceptibles d'être produites sur le marché d'importation ; car alors le terme $p'_b(D_b - D'_b)$, qui entre négativement dans l'expression (9), a une valeur nulle ou très petite comparativement aux termes positifs.

91. Revenons au cas où le commerce de transport a lieu d'une nation à l'autre, et écartons comme précédemment la considération des bénéfices du transport qui peuvent tourner au profit ou de la nation qui exporte, ou de celle qui importe, ou d'une nation tierce : ne fixons notre attention que sur les variations du revenu national qui résultent, pour le marché A du fait de l'exportation, pour le marché B du fait de l'importation. Les résultats ont été nettement établis, mais il y a des éclaircissements à ajouter, pour prévenir des objections spécieuses.

Il est impossible, dira-t-on, que l'exportation d'une denrée n'entraîne pas l'importation d'une valeur précisément égale sur le marché qui exporte ; et réciproquement l'importation sur un marché entraîne l'exportation d'une égale valeur. Il faudrait donc considérer chacun des deux marchés A et B comme important et exportant à la fois, et alors on ne voit pas de raison pour que la richesse du premier soit affectée par la commmunication qui s'établit, autrement que la richesse du second. Les formules qu'on a trouvées sont donc fautives ou incomplètes, et les conséquences qu'on en déduit sont inexactes.

D'ailleurs (et c'est ici l'argument favori des écrivains de l'école de Smith) il faudrait conclure du prétendu avantage assigné au marché d'exportation, et du désavantage prétendu souffert sur le marché d'importation, qu'une nation devrait faire en sorte de toujours exporter et de n'importer jamais; ce qui est visiblement absurde, puisqu'elle ne peut exporter qu'à condition d'importer; et que même la somme des valeurs exportées, estimées à l'instant où elles sortent du marché national, doit nécessairement être égale à la somme des valeurs importées, estimées à l'instant où elles entrent sur le marché national.

Toute cette argumentation disparaît devant quelques considérations, abstraites sans doute, mais qui tiennent essentiellement au sujet.

Si l'on supposait deux marchés d'abord entièrement isolés, et entre lesquels les barrières vinssent à tomber tout-à-coup, il arriverait probablement que la chute des barrières, en déterminant l'exportation de certaines denrées M, N, P... de A en B, déterminerait l'exportation de denrées d'une autre nature R, S, T... de B en A; alors, pour apprécier l'influence de la chute des barrières sur le revenu national de A et sur le revenu national de B, il faudrait considérer chacune des nations A et B comme jouant à la fois le rôle de nation importatrice et celui de nation exportatrice, ce qui compliquerait beaucoup le problème et conduirait à un résultat composé.

Telle n'est pas l'hypothèse que nous avons discutée jusqu'ici : on suppose qu'il n'y a rien de changé à la facilité des communications entre les marchés A et B, si ce n'est par rapport à la denrée M. C'était, si l'on veut, la seule denrée dont l'exportation fût prohibée, et la prohibition vient à être levée : quel sera l'effet de cette chute de barrières qui n'affecte qu'une seule denrée ?

Sans doute la quantité E de la denrée M ne pourra passer de A en B, sans que, directement ou par détour, une valeur égale soit importée de B en A ; mais aussi nous avons eu égard à cette demande pour l'étranger que le fait de l'importation nécessite sur le marché B, et nous avons fait voir que cet accroissement de demande de la part de l'étranger, était plus que compensé par l'appauvrissement des producteurs nationaux de la denrée M, en suite de l'importation, et par la réduction du fonds total que les nationaux pouvaient appliquer à la demande collective des denrées R, S, T,.... autres que M. Nous avons pareillement eu égard à la distraction qui se faisait sur le marché A, au profit de la demande de denrées de provenance étrangère, d'une portion du fonds consacré précédemment à la demande des denrées nationales ; en faisant voir que cette distraction au profit de l'étranger était plus que compensée par l'enrichissement des producteurs nationaux de la denrée M, ensuite de l'exportation, et par l'accroissement du fonds total que les nationaux pouvaient appliquer à la demande des denrées N, P, Q,..... autres que M. Nous avons donc tenu compte de toutes les données du problême ; et comme, d'après ces données, les marchés A et B ne se trouvent pas placés dans des conditions symétriques, il n'est pas étonnant que l'on arrive pour les deux marchés à des formules non symétriques, et même à des résultats de sens opposés.

En conséquence, autant il serait absurde qu'une nation prétendît à exporter toujours en n'important jamais ; autant cette prétention serait contradictoire dans les termes, puisqu'on importe toujours l'équivalent de la valeur exportée, en métaux précieux ou autrement, et qu'à cet égard la forme ne fait rien ; autant la théorie explique bien l'acte d'un gouvernement, qui, dans un système donné de communications et de relations commerciales, lève une barrière à l'exportation ou en pose une à l'importation d'une denrée déterminée.

La question cesserait d'être la même, si l'établissement d'une barrière au profit des producteurs A devait provoquer par représailles l'établissement d'une autre barrière au profit des producteurs B contre lesquels la première barrière serait posée. Le gouvernement A aurait alors à balancer l'avantage qui résulte de la première mesure pour les nationaux avec le désavantage que leur causera la représaille. Les deux marchés A et B se trouveraient ainsi replacés dans des conditions symétriques, et devraient être considérés chacun comme jouant le double rôle de marché d'exportation et de marché d'importation.

92. On voit que dans toutes ces explications il n'a pas été question un seul instant du rôle propre aux métaux monétaires; et que la théorie serait la même quand l'usage de la monnaie n'existerait pas, parce qu'en effet le rôle de la monnaie est un phénomène accidentel dans la théorie des richesses. Nous ne reviendrons pas sur ce qui a été si bien exposé à ce sujet et sous tant de formes, par Smith et par les écrivains de son école. Le but de cet écrit est de présenter quelques aperçus nouveaux, plutôt que de coordonner des vérités suffisamment connues. Smith, avec une dialectique admirable de souplesse et de vigueur, a ruiné de fond en comble le système dit *de la balance du commerce*, qui ne peut plus être soutenu. Son erreur, poussée bien plus loin par ses disciples, a été d'identifier avec ce système la théorie des barrières, qui n'en dépend nullement; et la cause naturelle de cette erreur, c'est que les intérêts attachés au maintien des barrières avaient dû se retrancher derrière le système qui pour lors était en crédit, celui de la balance du commerce.

Toutes les objections que Smith adresse, non pas

au système de la balance du commerce, mais à la théorie des barrières dans leurs rapports avec la richesse nationale, trouvent leur réponse dans les principes que nous avons exposés. Nous citerons une comparaison devenue en quelque sorte classique parmi ses disciples. « On pourrait, dit Smith, avec » beaucoup de soins et de dépenses, récolter en » Écosse du raisin venu dans des serres et qui don- » nerait de très-bon vin ; donc, suivant la théorie des » barrières, il faudrait, pour encourager la produc- » tion du vin en Écosse et y élever le taux du revenu » national, prohiber l'entrée des vins de France et » de Portugal. »

La réponse, c'est que le vin produit en Écosse de cette manière, à supposer qu'il fût potable, atteindrait un si haut prix que la demande en serait nulle ou comme nulle. On tomberait donc sur le cas signalé dans l'article 89, où l'importation de la denrée exotique n'altère en rien la valeur de la richesse nationale. L'Écosse, en prohibant les vins étrangers, se priverait gratuitement des jouissances attachées à la consommation de ces vins. Elle se priverait même d'un bénéfice appréciable, pour peu que l'industrie et les capitaux écossais prennent part au mouvement commercial qui amène les vins de France et de Portugal sur le marché d'Écosse. Le cas serait plus compliqué, si l'importation des vins étrangers causait une notable diminution dans la consommation des autres spiritueux, de fabrication indigène, dont les Écossais font usage; mais il est probable qu'en raison du haut prix du vin en Écosse, haut prix qui n'en permet l'usage qu'aux classes opulentes de la société, la demande et le prix des spiritueux indigènes n'éprouvent aucune réduction bien sensible par suite de l'importation de ces vins.

93. On objecte encore que, quand une denrée cesse d'être produite sur un territoire, par suite de l'importation, ou est produite en moindre quantité, les matières premières de cette denrée, les capitaux engagés dans la production, les bras utilisés pour la fabrication de cette denrée, trouvent un autre emploi; que réciproquement, lorsque l'exportation encourage la production d'une denrée, l'accroissement de production n'a pas lieu sans enlever à d'autres emplois des bras, des capitaux et des matières premières. Or, en ne jetant sur cette discussion qu'un coup-d'œil superficiel, il semble que nous ayons raisonné comme si la réduction dans la production de la denrée M, emportait la suppression du revenu de tous ceux qui concourent, par la fourniture de leurs matières premières ou autrement, à la formation de la denrée dont la production cesse d'avoir lieu; ou comme si l'accroissement dans la production de cette même denrée M, créait de toutes pièces un revenu à tous ceux qui concourent, par la fourniture de leurs matières premières ou autrement, à la formation de la denrée nouvellement produite.

Nous avons résolu à l'avance cette objection par les explications données dans l'article 86, et nous avons fait voir comment on avait eu implicitement égard à cette circonstance de substitution d'emploi, très-importante sans doute pour les producteurs qu'elle concerne, et même pour la société prise en corps, en ce sens qu'elle rend moins douloureux le passage d'un régime commercial à un autre; mais indifférente lorsqu'il ne s'agit que d'apprécier mathématiquement l'influence de ce changement de régime sur le revenu social, après que les douleurs inhérentes à l'état de passage se sont effacées.

94. Empruntons encore un exemple à un auteur célèbre, de l'école de Smith, pour rendre plus sensible la disparité de nos principes, et l'erreur théorique que nous combattons. « Le transport des » chanvres de Riga au Hâvre, dit J.-B. Say [1], re- » vient à un navigateur hollandais à trente-cinq » francs par tonneau. Nul autre ne pourrait les trans- » porter si économiquement; je suppose que le Hol- » landais peut le faire. Il propose au Gouvernement » français, qui est consommateur du chanvre de » Russie, de se charger de ce transport pour qua- » rante francs par tonneau. Il se réserve, comme on » voit, un bénéfice de cinq francs. Je suppose en- » core que le Gouvernement français, voulant favo- » riser les armateurs de sa nation, préfère d'employer » des vaisseaux français auxquels le même transport » reviendra à cinquante francs, et qui, pour se mé-

[1] *Traité d'Économie politique*, liv. I, chap. 9.

» nager le même bénéfice, le feront payer cinquante-
» cinq francs. Qu'en résultera-t-il ? Le Gouverne-
» ment aura fait une dépense de quinze francs par
» tonneau pour en faire gagner cinq à ses compa-
» triotes; et comme ce sont des compatriotes égale-
» ment qui paient les contributions sur lesquelles se
» prennent les dépenses publiques, cette opération
» aura coûté quinze francs à des Français pour faire
» gagner cinq francs à d'autres Français... »

Ce raisonnement serait sans réplique si l'armateur français frétait un navire étranger, par exemple, un navire américain, monté par des matelots américains, et avitaillé avec des denrées de provenance américaine, pour aller chercher le chanvre de Russie à Riga et l'amener au Hâvre; alors en effet, pour créer à l'armateur français le bénéfice de cinq francs par tonneau, ou pour accroître le revenu national du revenu que ce bénéfice procure annuellement à l'armateur français, le pays se dessaisirait, sous une forme ou sous une autre, au profit d'ouvriers et de producteurs étrangers, d'une somme de quinze francs par tonneau, au-delà de celle dont il se serait dessaisi, s'il avait employé l'armateur et l'équipage hollandais, au lieu de prendre l'armateur français et l'équipage américain.

Mais le dommage qu'une telle combinaison coûterait au pays est trop manifeste pour que ce soit celle que Say a voulu discuter. Il admet au contraire expressément que l'armateur français emploie des équipages de sa nation; que le corps et les agrès de ses bâtimens sont de fabrique française; que les avitaillements sont en denrées de provenance indigène; et partant de cette hypothèse il raisonne comme si, en vertu de l'opération dont il s'agit, le revenu national n'était accru que des profits de l'armateur.

Or pourquoi, dans les cinquante-cinq francs par tonneau qui vont se répartir entre divers industriels et producteurs français, prendre la part de l'armateur, plutôt que celles du capitaine, du contre-maître, du timonnier, des matelots qui composent l'équipage; plutôt que celles du charpentier, du cordier qui ont travaillé à la construction et au grément du navire sur les chantiers français; plutôt que celles de tous les propriétaires français dont les produits sont consommés pour l'armement et l'avitaillement du navire? Où serait donc le caractère essentiel qui distinguerait l'industrie de l'armateur et le loyer de ses capitaux, de l'industrie des autres agents et du loyer des autres fonds productifs qui concourent à la même entreprise?

On ne peut expliquer cette différence, qu'en supposant tacitement que l'armateur français ne trouvera à employer ni son industrie, ni ses capitaux, dans le cas où le Gouvernement adjugerait le fret pour quarante francs à l'armateur hollandais; et en supposant d'autre part que les hommes de l'équipage trouveraient à monter d'autres navires, ou que d'autres professions leur offriraient un salaire équivalent; en faisant une semblable supposition pour les ouvriers constructeurs; en admettant enfin que d'autres débouchés s'ouvriraient pour les denrées qui entraient dans la construction, le grément et l'avitaillement des navires français que le Gouvernement cesse de fréter.

Mais la supposition faite à l'égard de l'armateur est tout aussi gratuite que la supposition inverse, en ce qui concerne les autres agents ou producteurs nationaux; et d'ailleurs cette circonstance que pour certains agents ou producteurs, d'autres emplois, d'autres débouchés puissent se substituer à l'emploi et au débouché supprimés; cette circonstance, disons-nous, ne touche en rien au fonds de la question. La France se dessaisit, sous une forme ou sous une autre, de la valeur de quarante francs par tonneau pour payer le fret hollandais : cette valeur cesse de former le revenu de certains ouvriers et producteurs nationaux. Si l'on continue de construire, d'armer et d'avitailler autant de vaisseaux, il faudra que, jusqu'à due concurrence, des fonds soient détournés d'autres demandes. La perte sera rejetée sur d'autres classes d'ouvriers et de producteurs, mais le déchet dans le revenu national sera le même, toujours abstraction faite des réactions et perturbations *de second ordre*, qui échappent aux raisonnements généraux.

Le Gouvernement, dans l'hypothèse où on le place, aura deux choses à considérer; car évidemment il ne peut pas, *à tout prix*, préférer les nationaux aux étrangers, à moins qu'il ne s'agisse d'un intérêt de sûreté publique, comme par exemple (ainsi que l'observe très-bien J.-B. Say), si l'encouragement de la marine marchande était indispensable au maintien de la marine militaire, qui elle-même ne pourrait être abandonnée qu'au détriment de la sûreté et de la puissance politique de l'État. Abstraction faite de cette considération majeure qui n'est point de notre ressort, l'administration aura à considérer si l'encouragement donné à la marine nationale n'est pas excessif, 1° en ce qu'il consomme des denrées et des services qui pourraient être consommés d'une manière plus fructueuse, c'est-à-dire plus utile à l'accroissement ultérieur de la richesse nationale; 2° en ce qu'il grève injustement le trésor public, c'est-à-dire la généralité des citoyens, pour accroître le revenu de certaines classes spéciales de producteurs; car il ne suffit pas que le revenu national s'accroisse, et qu'ainsi les uns gagnent plus que les autres ne perdent : le principe d'équité qui est de tous les pays et de tous les temps, le principe d'égalité qui domine plus particulièrement le pays et l'époque où nous vivons, s'opposent à ce que les actes de la puissance publique aient pour tendance d'accroître les inégalités naturelles des conditions.

95. Nous venons de toucher du doigt la question qui s'agite au fond de toutes les discussions sur les mesures prohibitives ou restrictives de la liberté du commerce. Il ne suffit pas d'analyser avec justesse l'influence de semblables mesures sur le revenu national; il faudrait encore examiner quelle est leur tendance quant à la répartition de la richesse sociale. Nous n'entendons pas aborder ici cette question délicate, laquelle nous éloignerait trop des discussions purement abstraites qu'il s'agissait d'effleurer dans cet essai. Si nous avons cherché à combattre la doctrine de l'école de Smith sur les barrières, c'était dans l'intérêt de la théorie, et nullement pour nous constituer l'avocat des lois prohibitives et restrictives. D'ailleurs, il faut bien le reconnaître, des questions telles que celles de la liberté commerciale, ne se résolvent ni par les argumentations des docteurs, ni même par la sagesse des hommes d'Etat. Une force supérieure pousse les nations dans telle ou telle voie, et quand un système a fait son temps, de bonnes raissons ne peuvent pas plus que des sophismes lui rendre la vie qu'il a perdue. L'habileté des hommes d'Etat consiste alors à tempérer l'ardeur de l'esprit d'innovation, sans tenter une lutte impossible contre des lois providentielles. La possession d'une saine théorie peut aider ce travail de résistance aux changements brusques, et contribuer à ménager la transition d'un régime à un autre. En donnant plus de lumières sur un point débattu, elle amortit les passions qui se combattent. Les systèmes ont leurs fanatiques, la science qui succède aux systèmes n'en a jamais. Enfin, si les théories qui se rattachent à l'organisation sociale ne dirigent pas les faits contemporains, elles éclairent au moins l'histoire des faits accomplis. On peut jusqu'à un certain point comparer l'influence des théories économiques sur la société à celle des grammairiens sur le langage. Les langues se forment sans le concours des grammairiens et se corrompent malgré eux; mais leurs travaux jettent du jour sur les lois de la formation et de la décadence des langues : leurs règles hâtent l'époque où une langue atteint sa perfection, et retardent un peu l'invasion de la barbarie et du mauvais goût qui la corrompent.

TABLE
DES CHAPITRES.

FIN.

ERRATUM.

Page 99, ligne 7, *moindre*, lisez *plus grande*.

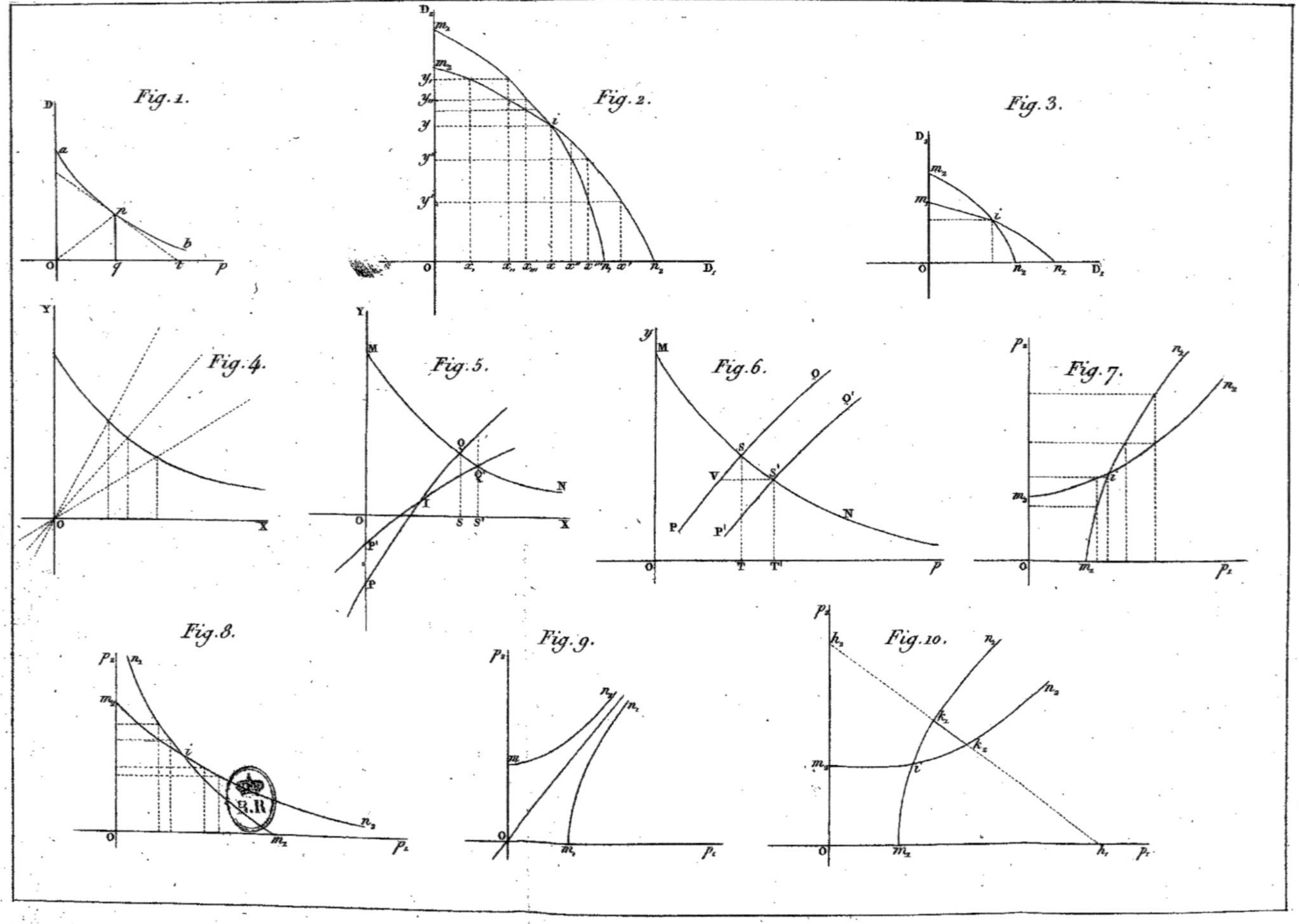

Fig. 1.

Fig. 2.

Fig. 3.

Fig. 4.

Fig. 5.

Fig. 6.

Fig. 7.

Fig. 8.

Fig. 9.

Fig. 10.

www.ingramcontent.com/pod-product-compliance
Ingram Content Group UK Ltd.
Pitfield, Milton Keynes, MK11 3LW, UK
UKHW020453200726
13857UKWH00002B/684